JN274910

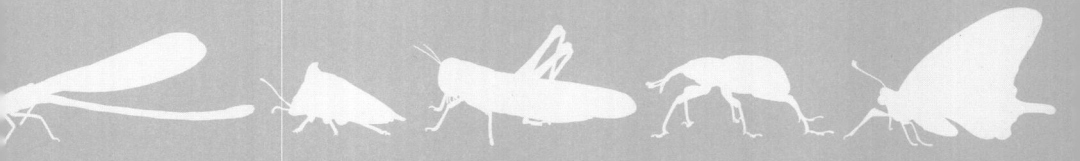

散歩で見つける
A Guide to Familiar Insects

虫の呼び名事典

写真・文 森上信夫

世界文化社

散歩で見つける
虫の呼び名事典 ……… 目次

春の虫

- モンシロチョウ　紋白蝶 ………… 8
- ギフチョウ　岐阜蝶 ………… 10
- ベニシジミ　紅蜆／紅小灰 ………… 12
- ヤマトシジミ　大和蜆／大和小灰 ………… 13
- ミヤマセセリ　深山挵り ………… 14
- ハイイロリンガ　灰色実蛾 ………… 15
- オカモトトゲエダシャク　岡本棘枝尺 ………… 16
- ミノムシ　蓑虫 ………… 18
- ナナホシテントウ　七星天道 ………… 20
- ナミテントウ　並天道 ………… 22
- コガタルリハムシ　小型瑠璃葉虫 ………… 26
- ニホンミツバチ　日本蜜蜂 ………… 28
- セイヨウミツバチ　西洋蜜蜂 ………… 29
- アシブトハナアブ　脚太花虻 ………… 30
- ビロードツリアブ　天鵞絨吊虻 ………… 31
- アリジゴク　蟻地獄 ………… 32
- クビキリギス　首切螽斯 ………… 34
- ツチイナゴ　土稲子 ………… 35
- ツマグロオオヨコバイ　褄黒大横這い ………… 36
- アメンボ　飴ん坊／水馬 ………… 38

夏の虫

- アゲハ　揚げ羽 ………… 40
- ツマグロヒョウモン　褄黒豹紋 ………… 42
- ホタルガ　蛍蛾 ………… 44
- コスズメ　小雀 ………… 45
- カレハガ　枯れ葉蛾 ………… 46
- カブトムシ　兜虫 ………… 50
- カナブン　金蚉 ………… 52
- ノコギリクワガタ　鋸鍬形 ………… 54
- ゴマダラカミキリ　胡麻斑髪切 ………… 56
- シロスジカミキリ　白筋髪切 ………… 57
- タマムシ　玉虫 ………… 58
- オオゾウムシ　大象虫 ………… 60
- ヨツボシオオキスイ　四つ星大木吸い ………… 61
- マイマイカブリ　蝸牛被り ………… 62
- ハンミョウ　斑猫 ………… 64
- ミイデラゴミムシ　三井寺芥虫 ………… 65
- オオスズメバチ　大雀蜂 ………… 66
- イラガセイボウ　刺蛾青蜂 ………… 68
- トゲアリ　棘蟻 ………… 70
- ヒメカマキリモドキ　姫蟷螂擬 ………… 71

秋の虫

シオカラトンボ　塩辛蜻蛉 ……… 72
アジアイトトンボ　亜細亜糸蜻蛉 ……… 74
キリギリス　螽斯 ……… 76
ハヤシノウマオイ　林の馬追い ……… 78
トノサマバッタ　殿様飛蝗 ……… 79
ナナフシ　七節／竹節虫 ……… 80
ヒゲジロハサミムシ　髭白鋏虫 ……… 82
アブラゼミ　油蟬 ……… 84
アカスジキンカメムシ　赤筋金亀虫 ……… 88
ヨコヅナサシガメ　横綱刺亀 ……… 90
ウシカメムシ　牛亀虫 ……… 91
オオトリノフンダマシ　大鳥の糞騙し ……… 92
ジグモ　地蜘蛛 ……… 94

キタテハ　黄立て羽 ……… 96
モンキチョウ　紋黄蝶 ……… 98
キタキチョウ　北黄蝶 ……… 100
クロコノマチョウ　黒木の間蝶 ……… 102
アオオサムシ　青筬虫／青歩行虫 ……… 106
アカマダラハナムグリ　赤斑花潜り ……… 107
クツワムシ　轡虫 ……… 108
セスジツユムシ　背筋露虫 ……… 109
スズムシ　鈴虫 ……… 110
コバネイナゴ　小翅稲子 ……… 111
イボバッタ　疣飛蝗 ……… 112
ハラヒシバッタ　原菱飛蝗 ……… 113
オオカマキリ　大蟷螂 ……… 114
ハラビロカマキリ　腹広蟷螂 ……… 116
コカマキリ　小蟷螂 ……… 118
ヒナカマキリ　雛蟷螂 ……… 119
オカダンゴムシ　陸団子虫 ……… 122

[コラム]　ナミテントウの斑紋図鑑 ……… 24
[コラム]　虫たちのカムフラージュ ……… 48
[コラム]　身近な夏のセミ ……… 86
[コラム]　身近なチョウの幼虫 ……… 104
[コラム]　カマキリの卵のう ……… 120
PHOTO INDEX ……… 124

本書の使い方と用語

ナミテントウ
並天道

Harmonia axyridis
別名：テントウムシ（天道虫）
分類：甲虫目　テントウムシ科
成虫の出現期：3〜11月
分布：北海道〜九州
体長：5〜8mm

① 標準和名
② 漢字表記
③ 学　名
④ 別　名　→　全国的に流通しているものだけとし、ローカルな呼称（地方名）は除きました。
⑤ 分　類　→　シンプルに「目」と「科」のみとしました。
⑥ 成虫の出現期　→　関東地方の平野部を基準としました。南北に長い日本列島では、桜前線がおよそ2ヶ月をかけて北上していくように、より南や北の地域では出現時期がずれることになります。また、同緯度でも標高が高い地域では発生が遅れたり、亜熱帯気候の沖縄地方では、年間を通じて成虫が見られるなど、特殊なケースもありますが、そのような条件下の出現時期については、ここでは考慮していません。
⑦ 分　布　→　日本を、北海道・本州・四国・九州・沖縄の5つのブロックに分け、簡潔に記しました。一部の種では、「〇〇地方南部〜」や、「人為的な放虫が原因」などの情報を追加しています。
⑧ 体　長　→　下のイラストを参照してください。本書では、昆虫の体のサイズを示す「体長」と「開張」を、以下の通りとします。

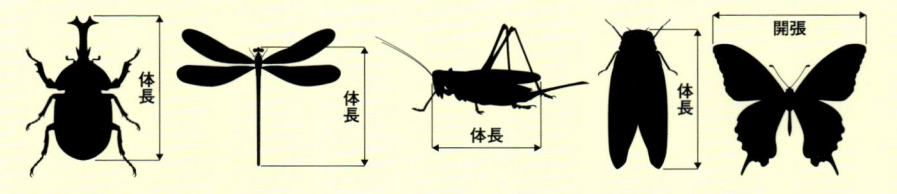

【用　語】
学　名　→　世界共通の種名。ラテン語で表記される。
和　名　→　日本独自の種名。複数の名前が存在する場合もあるが、最も支持されている和名を「標準和名」という。
終齢幼虫（しゅうれい）　→　「次の脱皮」で成虫またはさなぎになるという最終段階の幼虫。「次の次」なら亜終齢幼虫（あしゅうれい）という。
季節型（きせつがた）　→　昆虫が、季節によって体の色や形を変え、そこに明らかな法則が認められる場合、「季節型を持つ」と言う。「春型・夏型」や、「高温期型・低温期型」などと言い、別種かと思えるほど大きく姿を変える種もいる。

はじめに

　虫の名前には、見たイメージそのままのものや、聞いて納得、のもの、時には、どうして？と腑に落ちないものまで、名前にまつわるさまざまなお話があります。散歩みちで目にする顔なじみの虫たちの名前には、いったいどんな意味や由来があるのでしょうか。本書では、その中から70種を選んでご紹介しましょう。

　虫の姿がほとんど見られなくなる冬を除き、春、夏、秋という3つの季節に分けてみましたが、実際には、「春」の章に収録されている虫が、夏にも秋にも見られる、ということは少なくありません。たとえば、モンシロチョウには「春」の章のオープニングを飾ってもらいましたが、実際には3月から11月までその姿を見ることができます。季節の振り分けについては、多分に著者の好みもあり、便宜的な部分が大きいと思って読んでいただければと思います（姿が見られる期間の詳細は、「成虫の出現期」として記載があります）。

　名前の由来について調べていくと、さまざまな説が入り乱れていて、一応どれもそれらしく見える、という事例が多いことに驚きます。論文ならば、公平に検証作業を行ったのち、結論が出なければ諸説いずれも平等に取り扱う必要があるでしょう。しかし本書では、「散歩のお供にしていただく本」として、基本的に著者の「一押し」の説に肩入れし、やや断定気味にどれを支持するか、その立場を明確にしています。分類学がなかった頃の歴史的な命名に対しては、こちらも「直感で受けて立つ」方が、あんがい真実に近づくように思えてなりません。

　散歩みちで見かける虫たちの名前を知り、その名の由来までわかるようになると、虫との距離も一気に縮まって、野を歩く楽しみもいっそう味わい深いものとなるのではないでしょうか。

本書には、昆虫ではない「虫」が3種類収録されています。オオトリノフンダマシとジグモはクモの仲間、オカダンゴムシは陸生の等脚類で、いずれも「昆虫」ではありませんが、広い意味での「虫」として、同じように取り扱いました。

アートディレクション：新井デザイン事務所（新井達久）

春の虫

春の虫

モンシロチョウ
紋白蝶
Pieris rapae

分類：チョウ目　シロチョウ科
成虫の出現期：3〜11月
分布：北海道〜沖縄
開張：45〜50mm

啓蟄(けいちつ)にはまだ姿を見せない。啓蟄から数日遅れのモンシロチョウの初見日こそ、春の到来を確信する日だ。

春型のメス

「ちょうちょ、ちょうちょ、なのはにとまれ…」の歌のモデルが本種であることは疑いない。もともとは外来種だが、長いあいだ日本人に親しまれてきたチョウで、日本の春の風景にはすっかり欠かせないものとなっている。春の訪れを待ちきれない成虫越冬のチョウたちが、時にフライング気味に活動を始めることがあるのに対し、モンシロチョウはさなぎ越冬であるため、本種の姿を見ればそれは公式に春の到来が宣言されたものと思ってよい。「紋のある白い蝶」で、「紋白蝶」の名がついたが、「紋」自体は黒いので、「黒紋白蝶」や「紋黒白蝶」の方が、より実態に即した名前ではあるのだろう。しかし、「モンシロチョウ」のリズミカルな語感は得がたいもので、実によい名前だなとしみじみ思うのである。

名前の由来
「紋」のある「白い蝶」で、紋白蝶となった。

春の虫

菜の花を訪れたモンシロチョウ。

ダイコンについた卵。

幼虫。いわゆる青虫である。

キャベツについたさなぎ。

ムラサキハナナを訪れた
モンシロチョウ。

春の虫

ギフチョウ
岐阜蝶

Luehdorfia japonica

分類：チョウ目　アゲハチョウ科
成虫の出現期：3〜4月
分布：秋田県以南の本州（太平洋側は神奈川県以南）。
　　　分布は局所的。
開張：50〜60mm

春を告げるチョウの中で一番の人気者。有名産地では、チョウの数より見物人の方が多いことも。

アップで見ると、ずいぶん毛深いことがわかる。いかにも春浅い里山の低温下を飛ぶチョウの顔だ。

母チョウが去ったあと、ヒメカンアオイの葉をそっとめくると、真珠のような卵が並んでいた。

春の虫

食草のカンアオイ類に産卵するメス。

名前の由来 最初の個体が岐阜県で発見されたことによる。岐阜県に特に多産するということはない。

　早春の枯れ野を舞うスプリング・エフェメラル（春の儚き命）である。かつて「ダンダラチョウ」と呼ばれた時代があったが、別名として定着はしなかった。このダンダラ模様は、里山が本格的に春の装いをまとう前の風景の中ではみごとな隠蔽効果があり、枯れ草の上に舞い下りると、溶けて消えてしまうように見失うことが多い。散歩みちで出会えるチョウか？ということについては、そこがギフチョウの分布域に入っているかどうかで決まる。生息地情報がこれほど整理され、公開されているチョウは他にはいないので、調べるのは簡単だ。よく似たヒメギフチョウとは、北と南で住み分けており、本州中部を走る分布境界線を「ギフチョウ線（ルードルフィア・ライン）」と呼び、ライン上には両種の混生地も点在する。

カタクリを訪れて吸蜜する。

11

春の虫

ベニシジミ
紅蜆／紅小灰

Lycaena phlaeas

分類：チョウ目　シジミチョウ科
成虫の出現期：3〜11月
分布：北海道〜九州
開張：27〜35mm

普通種ということで、美しくてもスターにはなれなかったが、人に追い回されず、むしろ幸せというべきか。

名前の由来
「紅」色の「シジミ」チョウという意味である。シジミチョウの「シジミ」は、蜆貝から来たと言われる。

　啓蟄（けいちつ）から数日以内に姿を現し、晩秋までの長い間、その愛らしい姿で目を楽しませてくれる。どこにでもいる普通種だが、美しさでは国内屈指のシジミチョウと言ってよいだろう。幼虫が、湿った土手やあぜ道などに生えるスイバやギシギシなどを食べるため、成虫もそうした環境に多い。低温期型・高温期型という季節型を持ち、夏に見られる高温期型は、はねの赤い部分が黒く濁るが、春や秋に見られる低温期型は、まじり気のない赤が美しい。「紅」シジミとは、ぴったりの命名である。

レンゲソウを訪れた低温期型のベニシジミ。

ヤマトシジミ
大和蜆／大和小灰

Pseudozizeeria maha
分類：チョウ目　シジミチョウ科
成虫の出現期：3〜12月
分布：本州〜沖縄
開張：23〜29mm

メス。夏に現れる個体は、ほぼ真っ黒になる。

オス

「大和」は、日本を表す。つまり、日本を代表するシジミチョウである。

名前の由来　シジミチョウの「シジミ」は、蜆貝から来たとされており、「大和」は、「日本の」という意味である。

　12月まで見られ、寒さには強いはずだが、春の出現はベニシジミよりかなり遅い印象がある。都会の真ん中で足もとをちらちらと飛ぶ青いチョウは、全てが本種と思ってよい。アスファルトの隙間に咲くカタバミで蜜を吸い、その葉で幼虫も育つため、都市化を全く苦にしないチョウである。「シジミ」は、二枚貝である蜆貝との相似と、その殻の光沢から来たというのが定説で、本種は貝の「ヤマトシジミ」と、全く同名でもある。シジミチョウを「小灰蝶」と書くこともあるが、これは単に「小さい」蝶という意味だろう。

互いに反対方向を向く交尾スタイル。チョウの交尾としては普通の形で、別にそっぽを向いているわけではない。

> 春の虫

ミヤマセセリ
深山挵り

Erynnis montanus

分類：チョウ目　セセリチョウ科
成虫の出現期：3～4月
分布：北海道～九州
開張：36～42mm

地味な色彩だが、春浅い里山の風景にはよくマッチする。この風合いに、大人のファンも多い。

名前の由来
「深山」の「挵り」蝶であるが、高い山にはいない。「挵る」は、吸蜜する姿から名づけられたと言われる。

「深山」と言っても、山のチョウではない。山地性であることを示す接頭語「ミヤマ」、「タカネ」（高嶺）、「クモマ」（雲間）のうち、この「ミヤマ」だけは大安売りされており、平地性の昆虫にもよく使われている。ミヤマ○○というのは、生物の名前として収まりがよいのだろう。「挵り」は、尖ったものでつつき回すことで、つまようじで歯を「せせる」というのと同じ用法である。セセリチョウの仲間には長い口吻を持つものが多く、その口で花をあちこちつつき回しながら吸蜜するさまは、確かに「せせっている」ように見える。

枯れ葉の上に舞い降りたオス。日なたぼっこが好きなチョウだ。

ハイイロリンガ
灰色実蛾

Gabala argentata

分類：チョウ目　コブガ科
成虫の出現期：ほぼ一年中（越冬中も、葉うらなどに貼りついている姿が見られる）
分布：本州〜九州
開張：22〜24mm

> **名前の由来**
> 「リンガ」のいわれは不明。本種では「ハイイロ」も意味不明で、名前の由来だけが「グレー」だ。

「実蛾」と書いてリンガと読む。こんな読み方は、辞書的にはありえない。虫にも「キラキラネーム」があるということである。普通、こうした「難読氏名」には、その名に特別な意味があり、いわれを調べやすいものだが、困ったことに、実蛾と書いてリンガと読ませたのが誰で、その意図は何であったのか、全く記録が残っていない。本種ではさらに、灰色でもないのに「ハイイロ」とつく。名前からその姿を想像することもできない、ちぐはぐな命名だが、蛾自身に罪はない。よく見れば、実に洗練されたデザインだと思う。

虫喰いの葉っぱに擬態していると見えなくもない。この姿のまま冬を越したのだろう（早春に撮影）。

春の虫

「黒マントの怪人」柄のプリントが、実に粋だと思う。リンガ界の、おしゃれ番長だ。

春の虫

オカモトトゲエダシャク
岡本棘枝尺

Apochima juglansiaria
分類：チョウ目　シャクガ科
成虫の出現期：2月末〜4月
分布：北海道〜九州
開張：33〜46mm

春を告げる蛾である。ギフチョウのような派手さはないが、彼らもまた、小声で春を告げている。

こちらはメス。オス（右ページ標本）より触角が細い．

16

春の虫

小枝への擬態だろうか。蛾というより、生きものにすら見えない。まして空を飛んでいる姿など、想像もつかないだろう。

名前の由来
「岡本」は発見者・岡本半次郎の名で、幼虫が、背中に「棘」を持ち「枝」に擬態した「尺取虫」であることから。

　早春に現れる「異形の蛾」である。決して珍種というわけではないのだが、まだ虫の姿が少ない時期にひっそりと幹や枝に止まっているため、その存在に気づきにくい。はねを棒状に畳みこみ、その面積を最小にしてしまうこのスタイルも、隠蔽効果に一役買っていることだろう。尺取虫スタイルをした本種の幼虫は、さまざまな広葉樹の葉を食べて育ち、6月頃にさなぎになると、翌春の羽化までの長い眠りにつく。幼虫が尺取虫スタイルをしている蛾の総称が「尺蛾」であり、種ごとに「○○シャク」と名前がつけられている。飛ぶときは、棒状に畳みこんでいたはねを面状に広げるが、夜間、灯りによく飛来するオスとちがい、メスにはそのような習性がないため、人の目に触れる機会がきわめて少ない。

飛ぶときは、はねを広げる。こうして標本にしてみると、いたって普通の蛾だ。

春の虫

ミノムシ（ミノガ類の幼虫）
蓑虫

Eumeta sp.

分類：チョウ目　ミノガ科
成虫の出現期：チャミノガ　6〜7月　オオミノガ　5〜8月
幼虫の出現期：チャミノガ　8〜5月　オオミノガ　6〜4月
分布：チャミノガ　本州〜九州　オオミノガ　本州〜沖縄
蓑の大きさ：チャミノガ　23〜40mm　オオミノガ　50mm前後

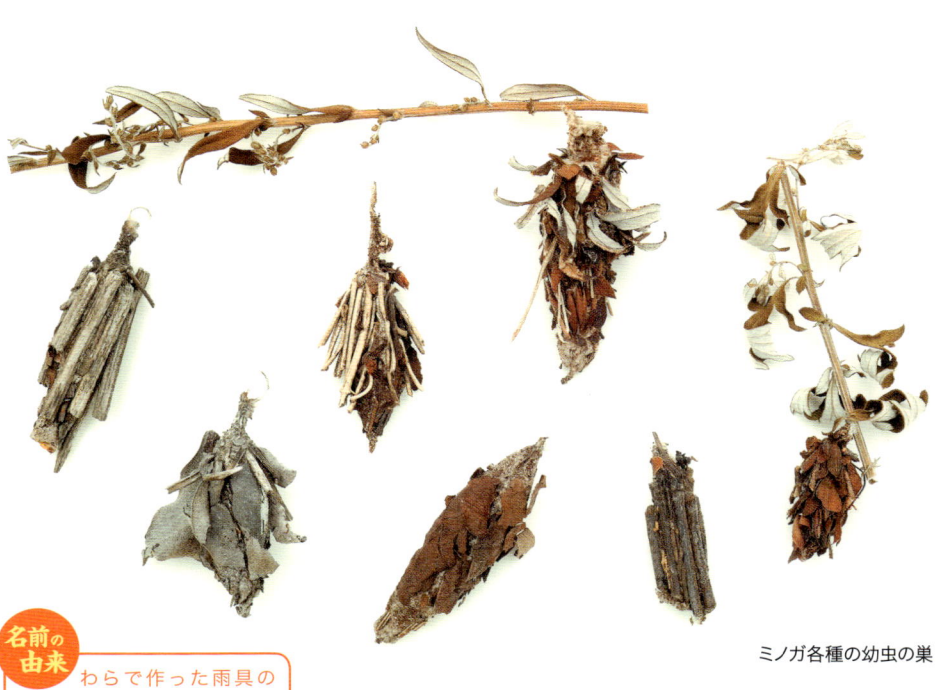

一生蓑から出てこない「引きこもり妻」にも、王子様は現れ、また母となる日も訪れる。

ミノガ各種の幼虫の巣

名前の由来
わらで作った雨具の「蓑（あだな）」を着ているような虫、ということで「蓑虫」となった。

　蓑を着ているような虫ということで「蓑虫」と呼ばれるが、これはいわば渾名であり、正式な呼び方としては、「○○ミノガの幼虫の巣」ということになる。よく見られるものはチャミノガとオオミノガで、蓑の素材や枝へのつき方のちがいから、どちらの種かは一目で見分けがつく。蓑の中で十分に育った幼虫は、そのまま中でさなぎになるが、その後はオスとメスで生き方に大きな差が出る。オスは普通の蛾の姿になり、メスを求めて飛び立っていくが、メスは成虫になってもはねやあしを持たず、オスの飛来を待って蓑の中で交尾し、産卵する。つまりメスは一生、蓑の中から出てくることはないのである。若い幼虫は自分が吐いた糸を使い、風に乗って運ばれるが、分布の拡大はいわば風まかせである。

春の虫

蓑から半身乗り出してマテバシイの葉を食べるチャミノガの幼虫。

チャミノガのオス成虫。

オオミノガは育ち切った幼虫で越冬するが、チャミノガはまだ小さい段階の幼虫で越冬する。それで、このように冬芽に化けることもできる。

蓑は幼虫の成長とともに大きくなっていく（チャミノガ）。

オオミノガは、巣材に葉を用い、枝には「点」でつく。紡錘形の蓑で、接地部分が細まる。

チャミノガは、巣材に小枝を多く使い、枝に「面」でつく。接地面が細くならない。

19

春の虫

ナナホシテントウ
七星天道
Coccinella septempunctata

分類：甲虫目　テントウムシ科
成虫の出現期：3〜11月
分布：北海道〜沖縄
体長：5〜9mm

テントウムシと言えば誰もが本種を思い浮かべる。象徴的なテントウムシだ。

名前の由来
天道とは、お天道様であり、お天道様へ向かって飛ぶ虫が天道虫。7つの紋を星に見立て、「七星」テントウになった。

　象徴的なテントウムシで、人々のテントウムシに対するイメージを一身に背負っていると言ってよいだろう。鮮やかな朱色といい、7つの紋の配置といい、十分な計算のもとに作られた愛らしいキャラクターのようだ。成虫も幼虫もアブラムシを食べるという習性はナミテントウ（次項）と同じだが、より草原的な環境を好み、樹木につくアブラムシのもとへはあまりやって来ない。寒さに強く、真冬でも天気のよい日には出てきて日なたぼっこしている姿を見かけることがある。はねの紋を「星」と呼ぶのは、実に粋な言葉選びであると思うが、わけても、ムツボシやジュウサンホシ（本当にいるのだ）でない「ナナホシ」は、字づらも語感もよい。秋まで見られるが、春に出会うとうれしい虫である。

春の虫

ヒメカメノコテントウの幼虫と同じアブラムシに食いついてしまった。

転んでも、はねを上手に使って起き上がる。

21

> 春の虫

ナミテントウ
並天道

Harmonia axyridis

別名：テントウムシ（天道虫）
分類：甲虫目　テントウムシ科
成虫の出現期：3〜11月
分布：北海道〜九州
体長：5〜8mm

ナナホシテントウほどイメージが定着しないのは、ユニホームを統一しなかったから？

名前の由来　天道とは、お天道様であり、お天道様へ向かって飛ぶ虫が天道虫。その中の最普通種が「並」テントウとなった。

「テントウムシ」という種名のままでは、グループ全体を指す言葉と同じで紛らわしい、という理由で、グループ内で最も普通のテントウムシが「並」テントウになったと考えられる。しかし「並」という言葉には、単に「普通」というだけでなく、「ありきたり」に近い否定的なニュアンスもあり、こんな名前は虫に対して失礼では？と思ってしまう。要は、「The テントウムシ」ということが、洗練された日本語で表現できればよいのだが、考えてみると確かに難しく、どんな言葉に置き換えればよいのか、悩ましいところだ。「天道」とは、お天道様のことで、枝先などから太陽へ向かって飛んでいくイメージからこの名がつけられた。本種は個体変異が著しく、斑紋にはさまざまなパターンがある。

春の虫

交尾。ここまで姿がちがっても、確かに同じ種であることがわかる。

さなぎ（下）と、羽化した成虫。

驚くと落下して擬死（死んだふり）の態勢に入る。「だまそう」という意思はなく、ショックでフリーズしているだけである。

越冬時は集団になるが、どのような合図で集まってくるのかはわかっていない。各タイプが一堂に会して見ごたえがある。

23

春の虫

ナミテントウの斑紋図鑑

「種」って何だろう？と考えさせられてしまうほどの多様さだ。ここに挙げたものは一部に過ぎない。2紋型、4紋型、斑紋型、紅型までは、ほぼ定着した呼び名だが、その他の型の名前は、著者がつけてみた。ベースとなる地色は、南へ行くほど黒地が優勢になる。

黒地・三日月2紋型

黒地・4紋型

黒地・2紋型

黒地・変形4紋型

黒地・2紋型（スポットつき）

黒地・斑紋型

春の虫

地色不明・流紋型

黒地・２紋型の飛び立ち

赤地・紅型（小紋つき）

黒地・縮小２紋型

赤地・小紋型

黒地・欠け三日月２紋型

赤地・大紋型

赤地・大紋融合型

25

春の虫

コガタルリハムシ
小型瑠璃葉虫

Gastrophysa atrocyanea
分類：甲虫目　ハムシ科
成虫の出現期：3〜6月
分布：本州〜九州
体長：5〜6mm

葉をボロボロにしてしまう旺盛な食欲。食草が農作物だったら、目の敵にされていたかも？

産卵が近づいて、おなかが膨らんだメス

春の訪れとともに現れ、啓蟄の頃には、食草のギシギシに群がっている姿が見られる。成虫も幼虫もギシギシを食べ、幼虫は、葉脈だけを残す独特の食べ痕を残す。産卵が近づいたメスは腹が大きく膨れあがり、うっかり転んでしまうと、もはや自力で起き上がるのも困難なほどだ。名前は、「瑠璃色をした小型の葉虫」という意味で、小型でない方の「ルリハムシ」との対比でこのように呼ばれるが、コガタルリハムシの体長が5.5mm前後であるのに対し、ルリハムシもせいぜい7.5mmほどしかない。小型種しかないハムシの中で、ことさらに「小型」を強調しなくてもよいのに…と思ってしまう。また、ルリハムシの体色は瑠璃色ではなく緑色系が普通であり、適切な命名であったか疑問が残る。

名前の由来
「小型・瑠璃・葉虫」と区切って読むとわかりやすい。「小型の、瑠璃色をした、葉を食べる虫」である。

春の虫

ギシギシの葉裏で見つけた卵。

幼虫が群がる葉。葉脈だけを残し、あとはボロボロにされてしまう。

交尾中のカップルに割り込もうとする別のオス。"ご亭主"の逆鱗に触れ、見事にともえ投げを食らった。交尾を中断しないオスも見上げたものだが、何ごともなかったかのようなメスのたたずまいが非常におかしい。

27

春の虫

ニホンミツバチ
日本蜜蜂

Apis cerana

分類：ハチ目　ミツバチ科
成虫の出現期：3〜10月
分布：本州〜九州
体長：12〜13mm（働きバチ）

木の洞などに営巣する。趣味としての養蜂もさかんで、巣箱作りには人それぞれのノウハウがある。

名前の由来　蜜を集める蜂が蜜蜂で、その在来種が「日本」蜜蜂である。

　蜂蜜を作るハチが蜜蜂であり、英語でも honey bee と言う。養蜂に使うために輸入されたセイヨウミツバチ以外にも、日本の里山には、もともとこのニホンミツバチが住んでいた。春もたけなわの頃、おびただしい数のニホンミツバチがボール状の塊になっている光景を目にすることがあるが、これは「分封（ぶんぽう）」と呼ばれ、大きくなり過ぎた巣を分割しようという行動である。女王バチが新女王に巣を譲り、一部の働きバチを取り巻きのように引き連れて巣を去る。新しい住まいに落ち着くまでの旅の途上で、この分封集団が形成される。

サッカーボール大の分封集団。この状態になっているときは攻撃性がほとんどなく、近づいても刺されたことはない。

セイヨウミツバチ
西洋蜜蜂

Apis mellifera

別名：ヨウシュミツバチ（洋種蜜蜂）
分類：ハチ目　ミツバチ科
成虫の出現期：3〜10月
分布：北海道〜沖縄
体長：13mm前後（働きバチ）

春の虫

ニホンミツバチより明るい体色で、在来種以上に、日本の春の風景にすっかり溶け込んでいる。

花粉だんご。花粉をここに集めて巣へ運ぶ。

名前の由来
蜜を集める蜂が蜜蜂。その輸入種（ヨーロッパ原産）が、「西洋」ミツバチである。

　ニホンミツバチをしのぐ蜜集めの能力を持ち、養蜂業で使われるのは本種である。ヨーロッパを起源に持つ輸入種であることから西洋ミツバチと呼ばれ、いわば外来種であるが、競合する在来種のニホンミツバチを駆逐してしまうことはなく、日本の野山で野生化もできないと言われている。それは、天敵のオオスズメバチへの対抗手段を持たないことが大きな要因で、ニホンミツバチのように大勢で取り囲んで、熱で相手を蒸し殺すという戦法が使えない。ニホンミツバチとちがって、みずからも高温に弱いからである。

タンポポ（上）やレンゲソウなど、さまざまな花を訪れる。

春の虫

アシブトハナアブ
脚太花虻

Helophilus virgatus

分類：ハエ目　ハナアブ科
成虫の出現期：3〜10月
分布：北海道〜九州
体長：12〜14mm

身づくろいしている姿は、まるで路上パフォーマンスのようだ。大根足だが、大根役者ではない。

自慢の後ろあしで、身づくろいを行う。

名前の由来　バッタのように後ろ「あし」が「太」い、「花」に来る「虻」ということで、「脚太花虻」になった。

　花に来るから「花」アブで、バッタのような太い後ろあしを持っているから「脚太」ハナアブである。早春から秋まで、各種の花でその姿を見ることができるが、花に来ているアブはハチと思われて敬遠されているケースも多く、まじまじと見る機会の少ない虫であるかもしれない。アブにとってそれは、「ハチ擬態」が功を奏した結果と言ってよく、「思惑通り」ではあるのだろう。太い後ろあしで、大ジャンプをするわけではないが、この後ろあしは器用によく曲がり、体のクリーニングには役に立っているようだ。

タンポポを訪れたアシブトハナアブ。

30

ビロードツリアブ
天鵞絨吊虻

Bombylius major
分類：ハエ目　ツリアブ科
成虫の出現期：3〜4月
分布：北海道〜沖縄
体長：8〜12mm

宙に浮かぶ小さなぬいぐるみ。よく見ようとして近づくと、ピュッ！と一瞬で消えてしまう。

名前の由来
体毛の感じを天鵞絨(ビロード)に見たてた命名。ホバリング姿が宙に吊られているようだとして、「吊り」アブになった。

　ぬいぐるみのような愛らしい姿をしており、その手ざわりの良さそうな体毛の感じを天鵞絨(ビロード)に見たてた命名は見事だと思う。ヘリコプターのように空中停止飛行をすることを「ホバリング」と呼ぶが、日当たりのよい林縁などで、早春の陽光を全身に浴びながらホバリングしている姿は、なかなか趣があってよい。空中にピタリと貼りつくようなその姿が、糸で上から吊られているようだということで、「吊りアブ」になった。愛らしい外見とは裏腹に、土中に営巣するヒメハナバチ類の巣に寄生して、幼虫やさなぎを食べて育つ。

春の陽射しを全身に浴びながら、音もなくホバリングする。花の蜜を吸うための長い口吻がよく目立つ。

31

春の虫

アリジゴク（ウスバカゲロウの幼虫）
蟻地獄
Balga micans

分類：アミメカゲロウ目　ウスバカゲロウ科
成虫の出現期：6〜9月（幼虫は、真冬以外なら
いつでも見られるが、大きな幼虫を見るには春がよい）
分布：北海道〜九州
体長：12mm前後（成虫の開張は75〜90mm）

幼虫時代の方が有名人。この子役タレントは、長じると無名の大人になってしまう。

名前の由来
「蟻」にとっての「地獄」という意味である。ぽっかり開いた巣穴は、恐ろしい地獄への入り口だ。

　幼虫の方が有名な虫である。アリジゴクを全く知らないという人もいないと思うが、これがウスバカゲロウの幼虫であることはあまり知られておらず、ウスバカゲロウという名前さえ聞いたことがない、という人もいるかもしれない。乾いた砂地に作られた「すり鉢」状の巣穴に落ちたアリなどを捕食するが、アリは俊敏で、逃げおおせることも多く、動きの鈍いダンゴムシなどがよいエサになっているようだ。アリジゴクの肛門は、ほぼ塞がっていると言ってよく、水分は排出するが、幼虫時代はフンをしない。さなぎになるときもフンをせず、羽化して成虫になるときに、生まれて初めてのフンをする。ウスバカゲロウは、短命で有名な「カゲロウ」の仲間ではなく、単に似た名前であるというに過ぎない。

春の虫

見事な「すり鉢」状の巣穴。測量したように正確な形だ。

巣穴の底で獲物を待ち受けるアリジゴク。

アカボシテントウを捕らえたアリジゴク。大あごでしっかりと挟んでいる。

羽化を終えて、人生（？）初めてのフンをする瞬間。まさに「宿便」である。

雨のかからない蔵の下などには、巣穴が集中している。自然の中では、斜面に生えた大木の根際などがよく見られるポイントだ。

春の虫

クビキリギス
首切蟋蟀

Euconocephalus varius
分類：バッタ目　キリギリス科
成虫の出現期：4〜5月、9〜11月
分布：本州〜沖縄
体長：55〜65mm

びっくりするような不吉な名前だが、真っ赤な大あごは伊達で、実際は草食系のおとなしい虫だ。

真っ赤な大あごが特徴だ。

緑色型（オス）

褐色型（オス）

名前の由来
服に噛みつかせてギロチンごっこをする、子供たちの残酷な遊びから来た名前である。「ギス」は、キリギリスの意味。

　4月も半ばを過ぎ、夜の肌寒さもすっかり薄れる頃になると、ビイイーッという耳をつんざくような金属音が、夜のしじまに響くようになる。鳴く虫のシーズンではないため、これがキリギリス類の鳴き声だと気づく人は少ないだろう。鉄橋を渡る電車の騒音の中でも、外から鮮明に聞こえてくるが、逆に、至近距離で鳴いていても声の来る方角がわからないという、不思議な鳴き声である。大あごの力が強く、服などにわざと噛みつかせ、あしを勢いよく引っ張ると首がもげて服に残るため、「首切」ギスと呼ばれるようになった。

ツチイナゴ
土稲子

Patanga japonica
分類：バッタ目　バッタ科
成虫の出現期：3〜6月、9〜11月
分布：本州〜九州
体長：40〜70mm

春の虫

「涙目のバッタ」などと呼ばれるが、彼らが幸福であると信じたい。

名前の由来　「土のような色をしたイナゴ」という意味である。

　成虫で越冬する大型のバッタ類として、クビキリギスと同じように春先にはよく目立つ存在である。土のような色をしているため、「土」イナゴと呼ばれるが、冬枯れの野には非常によく溶け込む色だと思う。越冬場所として人工的な環境が選ばれることも多く、草地に隣接するマンションのベランダなどは、しばしば格好の越冬場所になっているようだ。目（複眼）の下に、涙のあとのような模様があり、「涙目のバッタ」などと形容されることもある。幼虫時代の体色は緑色系が普通だが、成虫になれば、みな「土色」になる。

「涙のあと」は、幼虫時代からある。

> 春の虫

ツマグロオオヨコバイ
褄黒大横這い

Bothrogonia ferruginea

別名：バナナムシ
分類：カメムシ目　ヨコバイ科
成虫の出現期：3〜5月、8〜11月
分布：本州〜九州
体長：13mm前後

「葉かげの鳴かないセミ」といったポジションだが、地味キャラにならずに済んだのは、衣装のおかげ？

名前の由来
「褄黒・大・横這い」と区切って読むとわかりやすい。「端が黒い、大型のヨコバイ」である。

確かにセミのような口をしている。

　うっすらと緑色がかる黄色の体が、若いバナナの果実を思わせる。子供たちの間で「バナナ虫」と呼ばれるようになったのは最近だが、この呼称がまだ十分に浸透しないうちに本の題名で使われ、その後、一気に広まった感がある。本来の種名の「褄黒」の「褄（つまぐろ）」とは、「着物の端っこ」という意味で、衣服のすそに見立てたはねの先端が黒いことを意味する。「横這い」とは、危険を感じると横歩きをしながら止まっている細枝の裏側に回りこむ行動から来ており、ヨコバイ科という一つのグループを形成している。ツマグロヨコバイは稲の害虫だが、このツマグロ「オオ」ヨコバイはそれより大きく、農作物を害することは少ない。セミの仲間で、ストロー状の口を持ち、セミと同じように植物から吸汁する。

「前へならえ」をしているけど、まっすぐになっていませんよ〜。

春の虫

葉かげで交尾していたカップル。恋のシーズンは4月だ。

左から、「成虫・ぬけがら・ぬけがら・幼虫・幼虫」が並ぶ。8月〜9月に見られる光景である。

春の虫

アメンボ
飴ん坊／水馬

Aquarius paludum

分類：カメムシ目　アメンボ科
成虫の出現期：3〜11月
分布：北海道〜沖縄
体長：11〜16mm

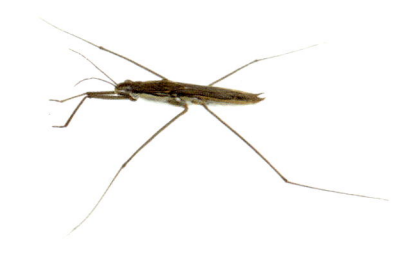

水中生活を営む昆虫は多いが、水面生活者は珍しい。波を起こして仲間とコミュニケーションを取る。

交尾しているアメンボ。用水路で採集し、スタジオに持ち帰るまで離れなかった。

名前の由来
体から発するにおいが、飴によく似ているということで、この名がつけられた。

「雨ん坊」ではなく、「飴ん坊」である。雨上がりの水たまりで見かけることも多いため、意外な字づらではないだろうか。アメンボはカメムシの仲間なので、ご多分に漏れず、体からにおいを発するが、このにおいが「飴のようだ」として名づけられた。実際に嗅いでみると、おそらく多くの人がこれを不快に感じるのではないかと思う。昔の飴はこんなにも臭かったのかと思ってしまうほどである。飴ん坊の「坊」とは、「赤ん坊」や「食いしん坊」などと同じ用法である。アメンボには、はねがあり、ちゃんと飛ぶことができる。

誤って水面に落ちたオオシオカラトンボに群がるアメンボ。

夏の虫

夏の虫

アゲハ
揚げ羽

Papilio xuthus

別名：アゲハチョウ、ナミアゲハ
分類：チョウ目　アゲハチョウ科
成虫の出現期：4〜10月
分布：北海道〜沖縄
開張：65〜90mm

モンシロチョウより都会派。このまま都市化が進めば、理科の教科書の主役交代も近い？

夏型のメス

名前の由来
花を訪れる際に、はねを「揚げ」たまま、常に羽ばたいている姿から命名された。

　モンシロチョウと並び、日本人なら誰もが知っているチョウである。理科の教科書で飼育教材に選ばれているのはモンシロチョウの方だが、都市化の波は、身近な風景からキャベツ畑をほとんど駆逐してしまった。都市部の子供たちにとっては、キャベツ畑のアオムシより、街なかのミカンやサンショウで見つかるアゲハの幼虫の方がずっと身近な存在だろう。チョウの多くは赤い色を見ることができないが、アゲハは赤い色を感じることができ、モンシロチョウがほとんど来ない赤系の花にもよくやって来る。吸蜜中は、はねを落ち着かせて静止することなく、ピンと揚げたまま細かな羽ばたきをくり返しているが、この緊張感あふれる姿こそ、「揚げ羽」の命名のもととなったイメージだろう。

夏の虫

はねを「揚げ」たまま吸蜜する。名前の由来となったポーズはこれだ。

サンショウの葉に産みつけられた卵。

臭角を出して威嚇する幼虫。

ユズの枝についたさなぎ。

羽化。最後に余分な水分を排出して、羽化は完了する。

41

夏の虫

ツマグロヒョウモン
褄黒豹紋
Argyreus hyperbius

分類：チョウ目　タテハチョウ科
成虫の出現期：5〜11月
分布：本州（関東地方北部）〜沖縄
開張：60〜70mm

分布を北へ拡大中。90年代に東京都内に現れ、わずか5年ほどでアゲハ並みの普通種になった。

メス

オス

夏の虫

メス

オスを真上から見たところ。タテハチョウ科は前あしが退化しており、あしが4本しか見えない。

名前の由来
豹柄を持つので「豹紋」蝶。メスのはねの先端が黒い（褄黒）という特徴から「褄黒・豹紋」となった。

野生のスミレ類だけでなく、ビオラやパンジーなど、花壇の植物まで食べ荒らしながら分布を急速に北上させている。

交尾。どんなに模様がちがっていても、こんな場面に出会えば同じ種であることがわかる。

　ツマグロオオヨコバイ（36ページ）と同様に、「褄黒」の「褄」は「着物の端っこ」を意味し、衣服のすそに見立てたはねの先端が黒いことからの命名である。本種の場合、ここが黒いのはメスだけで、オスは「豹紋」チョウの例にたがわず、普通の「豹柄」模様をしている。体内に有毒成分を持つ「カバマダラ」というチョウが南日本におり、先端部だけを黒くしたメスのはねは、この毒チョウをまねたものではないかとする説があるが、並べてみると確かに両者はよく似ている。しかし、メスだけが毒チョウに擬態することの意味や、カバマダラ不在の地域では、毒チョウに似ることが鳥などの捕食者に対してどれほどのアピール効果があるかなど、擬態論議は一筋縄ではいかないことが多い。

ホタルガ
蛍蛾

Pidorus atratus
分類：チョウ目　マダラガ科
成虫の出現期：6〜10月
分布：北海道〜沖縄
開張：44〜52mm

夏の虫

「悪目立ち」することで、嫌われ者に徹する。渡世のためには、そんな生き方もある。

名前の由来　頭だけが赤く、ほかの部分は黒い。その配色が、ホタルを思わせることからの命名である。

　頭だけが赤く、体は黒い。見ての通り、ホタルのような色づかいの蛾である（もっとも、本家のホタルでは、赤いのは頭でなく胸である）。昼間に飛ぶ蛾であるため、これは明らかに意味のある配色なのだろう。本家のホタルは体から悪臭を発し、捕食対象として鳥が避ける傾向があるため、ホタルに擬態する昆虫は多いが、本種の属するマダラガ科も、有毒で鳥が嫌がるものが多い。鳥にすれば、嫌われるためにそこまでやるか？といったところだろうか。飛んでいるときは、赤い頭より、はねの白い部分の方がよく目立つ。

赤い頭と黒い触角には、どことなく気品を感じる。どんなにドレスコードの厳しいお店でも、これならば大丈夫そうだ。

コスズメ
小雀

Theretra japonica

分類：チョウ目　スズメガ科
成虫の出現期：5〜9月
分布：北海道〜沖縄
開張：55〜70mm

夏の虫

日暮れ時に花壇を飛び回る影。ライトをつけると、本種をはじめとするスズメガ類の姿が浮かび上がる。

名前の由来　せわしなく羽ばたく姿がスズメを思わせることから「雀」蛾、その中の小型種ということで、「小」スズメとなった。

　スズメガの中では小さめということで「小」スズメとなったが、実際には、それほど小さい方ではない。スズメガ類は、太い胴体の割に、はねの面積が不釣り合いに小さく、激しく羽ばたかないと飛べない。チョウや蛾の飛び方は「舞う」と表現されることが多いが、スズメガ類の飛び方は「舞う」イメージからはほど遠く、「懸命に羽ばたいていないと落ちてしまう」感じである。このようにせわしなく羽ばたく飛び姿が、鳥のスズメを思わせることから「雀」蛾の名を授かったらしい。夕方から活動し、各種の花で吸蜜する。

このシャープなシルエットを見ると、「雀」蛾より、英名ホーク・モス（鷹のような蛾）の方が、ずっとふさわしい名前ではないかと思える。

カレハガ
枯れ葉蛾
Gastropacha orientalis
分類：チョウ目　カレハガ科
成虫の出現期：6〜9月
分布：北海道〜九州
開張：48〜72mm

夏の虫

「枯れ葉擬態」の実用性に疑義あり。この服装は、単なる「コスプレ」ではないのか？

「枯れ葉擬態」を解き、正体を現すメス。最初に触角がピョコン！と立ち上がるのが、変身解除のサインだ。

夏の虫

枝に引っかかった枯れ葉のように見えるが、この撮影は演出である。

> **名前の由来** 実用性はともかく、「枯れ葉擬態」選手権では優勝もねらえる逸材だ。説明不要の、「空飛ぶ枯れ葉」である。

　見ての通りの枯れ葉擬態の名手で、名前の由来については語る必要もない。しかし、成虫の出現期は夏で、「枯れ葉の季節ではない」というところに、擬態解釈の難しさと面白さがある。クロコノマチョウ（102ページ）などが、枯れ葉の季節に枯れ葉の格好をして外敵をやり過ごすのに対し、本種は単に、趣味で枯れ葉擬態を究めているだけでは？　などと思えてしまう。実際、野外で本種の擬態にだまされたという経験が一度もないのだ。ひと目で見破れるというケースだけでなく、枝に引っかかった枯れ葉状のものを見て、「お、カレハガか？」と思ったことは何度かあるが、これらは例外なく、全てが本物の枯れ葉だった。昆虫好きが昂じると、「枯れ葉擬態のカレハガに擬態した本物の枯れ葉」（？）などという「主客転倒」の事例がどんどん増えていく。

ある種の「のど飴」のような不思議な模様の卵。何であれ、いちいち「見た目」に凝る蛾だ。

夏の虫

虫たちのカムフラージュ

天敵の鳥に見つからないように、虫たちは、あの手この手で擬態戦略を講じている。

ここまですっかり自分を何かに似せてしまうと、自己のアイデンティティを喪失してしまわないか？とつい余計な心配をしてしまうが、虫たちは与えられた命をただ懸命に生きているだけだ。

ニイニイゼミ
6〜8月に見られる。樹皮擬態のうまいセミで、樹皮に似せた複雑な模様を持つ。体高が低く、影が出にくいことも、木の一部になりきる効果を高めている。

ナガゴマフカミキリ
5〜9月に見られる。樹皮擬態の名手で、近づいても飛ばない分、ニイニイゼミより見つけにくい。オスとメスがちゃんと出会えるのか、心配になるほどだ。

スミナガシのさなぎ
6〜7月頃と、冬に見られる。成虫は黒っぽいチョウ。さなぎは枯れ葉擬態だが、虫喰い痕（あと）まで装備されており、芸が細かい。食樹アワブキの枝などで見つかる。

※ 出現期は、幼虫なら幼虫の、さなぎならさなぎの出現期です。

夏の虫

ゴマダラチョウのさなぎ
4〜8月頃に見られるが、6月頃は端境期で、一時ほとんど見られなくなる。食樹エノキの枝などにぶら下がっており、エノキの葉にうまく化けている。

トビモンオオエダシャクの幼虫
いわゆるシャクトリムシで、成虫は早春に出現する蛾である。大きく育った幼虫は6〜8月頃にサクラなどで見られ、「直立不動」の姿勢で小枝に擬態している。

スカシカギバの幼虫
蛾の幼虫である。7〜8月頃と10〜5月頃に、ブナ科の樹木で見られる。鳥の糞に似ているだけでなく、必ずとぐろを巻いており、「ポーズまで含めた擬態」である。

アカエグリバ
枯れ葉の一部をえぐった（えぐり葉）ような赤い蛾で、枯れ葉が落ちているようにしか見えない。ほぼ一年を通して見られ、成虫の姿で越冬する。

夏の虫

カブトムシ
兜虫

Trypoxylus dichotomus

分類：甲虫目　コガネムシ科
成虫の出現期：6〜9月
分布：北海道〜沖縄（北海道への分布は、人為的な放虫が原因と言われている）
体長：♂ 27〜75mm、♀ 35〜48mm

雑木林の王者が、デパートの売り場でも王者になれるとは限らない。現実はビジネスライクだ。

名前の由来　「鎧兜」の「兜」から名前を得ている。感じはよくわかるものの、「兜」には角にあたる部分がない。

オス

夏の虫

メスをめぐって激しく争うオス。上には、両雄の戦いをジャッジする個体（？）までいて、まさに「姫と騎士と立会人」といった状況だ。

　雑木林の王者であり、本種を知らない人はいない。樹液酒場を支配し、気の荒いノコギリクワガタの挑戦さえ９割は退ける。「鎧兜」の「兜」から名前を得ているが、兜には角にあたる部分がないため、その着想には疑問が残る。英名ライノセラス・ビートル（サイのような甲虫）の方が、その特徴をよく表していると思う。昔は、虫とりにいけば「カブトムシが一番」の獲物だったが、最近の子供たちには、クワガタムシの方がずっと人気がある。カブトムシになかなか勝てない挑戦者への判官びいきかと思いきや、「値段が高いから」と言われて、ずっこけたことがある。養殖の難しいクワガタムシと比べて、確かにカブトムシの値くずれは激しい。自然の中での序列と、売り場での序列はちがうようだ。

交尾するカブトムシ。

51

カナブン
金蚉

Pseudotorynorrhina japonica
分類：甲虫目　コガネムシ科
成虫の出現期：6〜9月
分布：本州〜九州
体長：22〜31mm

夏の虫

本種がマイノリティになるようではいけない。いつまでも、「なーんだ、カナブンか」でいてほしい。

名前の由来　金蚉の「金」は金属的な光沢と質感から、「蚉」は、ブンブン飛ぶ虫、という意味である。

カナブンの緑色型は、アオカナブンそっくりだが、裏返してみると、ひと目でどちらかわかる。後ろあしの付け根が左右で接していればアオカナブン、離れていればカナブンだ。

カナブン　　　　アオカナブン

夏の虫

樹液酒場の「その他大勢」といった感じで、昔から子供たちにあまり人気がなかったが、今ではすっかり数を減らし、「大勢」とさえ言えなくなってしまった。甲虫の仲間には珍しく、前ばねを閉じたまま、体との隙間から後ろばねを出して飛ぶことができ、カブトムシやクワガタムシのような、飛び立つ際の前兆がない。捕えようとすると、いきなり飛んで逃げてしまう。金蚉の「金」は体の金属光沢と金属的質感から来ており、「蚉」は、ブンブン飛ぶ虫、という意味である。体色には著しい個体変異があり、基本色（明るい銅色）以外にも、緑や赤系、濃い紫の個体などがいる。同じグループには、アオカナブンやクロカナブンという別種がおり、カナブンの色彩変異個体は、時にこれらとまぎらわしいことがある。

アオカナブン（矢印）やスミナガシ（チョウ）とともに樹液に集まる。

クロカナブン。カナブンより少し遅く発生し、晩夏まで見られる。

ノコギリクワガタ
鋸鍬形

Prosopocoilus inclinatus

分類：甲虫目　クワガタムシ科
成虫の出現期：6〜9月
分布：北海道〜九州
体長：♂26〜75mm、♀19〜41mm
（雌雄とも、大あごを含む）

夏の虫

がんばって探せば必ず会える。子供たちにとっての「会いに行けるアイドル」である。

オス

メス

名前の由来　のこぎりの歯を並べたような、オスの「大あご」からの命名である。「鍬形」とは、兜の前面に取りつけるU字型の装飾品。

オスの大型個体の大あご。水牛の角のように湾曲している。

オスの中型個体の大あご。湾曲の度合いが小さくなり、内歯が細かくなった。

オスの小型個体の大あご。ほとんど直線になった。内歯の形と相まって、のこぎりのように見える。

夏の虫

タチヤナギの樹液場で、ヒメスズメバチににらみを利かせる特大のオス。

ノコギリクワガタvsカブトムシ。黄金カードだが、カブトムシがこれぐらい小さくないと、ノコギリクワガタにはほとんど勝ち目がない。

　昼夜を問わず活動し、クヌギやヤナギ類などの樹液に集まる。きわめて好戦的なクワガタムシで、カブトムシにも臆せず戦いを挑むが、その勇ましさとは裏腹に、ほとんど勝つことはできない。それでも、精悍な風貌、荒々しい気性、町なかでも見られる身近さと、子供たちの心をつかむ要素をすべて満たしており、昔も今も、カブトムシと並ぶ子供たちのヒーローである。樹液場では、しばしばオスがメスをガードしているが、そんなナイトぶりも人気の秘密かもしれない。オスの大型個体は、大あごが水牛のように湾曲し、すばらしく格好よいが、「のこぎり状」と言える形からは、むしろ遠ざかる。細かい歯が一直線に並ぶ小型個体の大あごこそ、「ノコギリクワガタ」命名のもととなったイメージだろう。

ゴマダラカミキリ
胡麻斑髪切

Anoplophora malasiaca
分類：甲虫目　カミキリムシ科
成虫の出現期：5〜9月
分布：北海道〜沖縄
体長：25〜35mm

夏の虫

誤って、「胡麻だれ」カミキリと覚えてしまった人がいる。ネタとしては、「おいしい」話である。

6本のあしまで全部をいっぱいに広げて飛んで行く。

名前の由来
「髪切」は、髪の毛を見事に切れる虫という意味。「胡麻斑」は、「胡麻」状の「斑紋」である。

　ゴマを散らしたような細かな点々を「胡麻斑」と呼び、多くの昆虫の名前でこの用語が使われている。白地に黒の点々か、黒地に白の点々かは、どちらも「あり」のようで、本種では黒地（本当は濃紺）に白ゴマを散らすスタイルである。「カミキリ」は、「紙切り」でなく「髪切り」で、髪の毛の束を大あごに当てると、確かに見事なほどスパッと切られてしまうが、いにしえの命名者が、果たしてこういった遊びをしていたかどうかは定かではない。カミキリを「天牛」と書くこともあるが、長い触角を牛の角に見立てた中国名である。

交尾するペア。街路樹のプラタナスも発生木となるため、都市部でもごく普通に見られる。

シロスジカミキリ
白筋髪切

Batocera lineolata
分類：甲虫目　カミキリムシ科
成虫の出現期：5〜8月
分布：本州〜九州
体長：40〜55mm

夏の虫

誤解に基づく命名だが、「黄スジ」はいただけない。むしろ、この大きさ（日本最大）を讃えないのはどうして？

シロスジカミキリは、ワイルドというより「クールなイケメン」といった感じである。

名前の由来
生時の黄色い縦すじ模様を知らない人が、色が抜けた標本を見て、「白すじ」カミキリと名づけたと言われている。

「誤解に基づく命名」として、その名の由来がしばしば話題に上る虫である。生きているときは、体の縦すじ模様は明らかに黄色いが、晩年になると徐々に色が抜けていき、死ぬと完全に白くなる。生時の姿を知らない人が、標本だけを見て命名した結果、こうした「ふさわしくない名前」がつけられてしまったのだろう。「黄色いすじを持っているのに、どうしてシロスジなのですか？」。観察会のガイドをしながらこの質問を受けると、内心（待ってました！）と思いながら、「いい質問です」と重々しく言うことにしている。

クヌギなどから樹液が出るのは、本種の幼虫が内部でつけた嚙み傷が、その大きな原因となっている。

夏の虫

タマムシ
玉虫

Chrysochroa fulgidissima

別名：ヤマトタマムシ
分類：甲虫目　タマムシ科
成虫の出現期：6〜9月
分布：本州〜沖縄
体長：25〜40mm

高所を飛び回る天空の虫。きらびやかな衣装とともに、「高嶺の花」オーラを感じさせる虫である。

名前の由来　「玉」とは宝石のこと。「宝石のように美しい虫」という意味である。英語でもjewel beetle（宝石甲虫）と言う。

タマムシの正面顔。昼間に飛ぶ虫であり、複眼がよく発達している。

夏の虫

玉虫厨子は有名だが、この虫の生きた姿を実際に見たことのある人は意外に少ないのではないだろうか。決して珍しい虫ではないのだが、ここに行けば会える、というポイントが定まらず、昆虫愛好家といえども、なかなか狙って会える虫ではない。夏のよく晴れた日に、高木のてっぺん付近をブンブン飛んでいるが、地上で見かける機会は、メスが枯れ木に産卵するために下りてきた時ぐらいである。畑などで、鳥よけにCDディスクを紐でぶら下げている光景を時々目にするが、タマムシは体そのものがCD並みに輝き、これには鳥の捕食を回避する効果があるのかもしれない。タマムシの仲間には、他にも右のアオマダラタマムシのような美麗種が多数知られるが、実は褐色系の地味な小型種の方が多い。

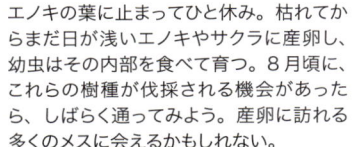

どこまでアップにしても、この美しさは破綻することがない。

アオマダラタマムシ。体長16〜29mm。本州〜九州に分布する。はねの表面には、金属工芸品を思わせる精緻な彫り模様がある。

エノキの葉に止まってひと休み。枯れてからまだ日が浅いエノキやサクラに産卵し、幼虫はその内部を食べて育つ。8月頃に、これらの樹種が伐採される機会があったら、しばらく通ってみよう。産卵に訪れる多くのメスに会えるかもしれない。

夏の虫

オオゾウムシ
大象虫

Sipalinus gigas

分類：甲虫目　オサゾウムシ科
成虫の出現期：5〜9月
分布：北海道〜沖縄
体長：12〜29mm

ぴったりの命名だが、リアル過ぎて、象さんとは呼べない。これでは、「ゆるキャラ」には起用されないと思う。

名前の由来 長く伸びた頭部の一部がゾウの鼻のようで「象虫」と命名され、国内最大種であることで「大」ゾウムシとなった。

横から撮った写真を見れば一目瞭然で、名前の由来など説明不要と言ってよいほどである。昆虫には「鼻」はないため、長く伸びた部分は口へと続く頭部の一部だが、がっしりした体型とも相まって、「象虫」という名前は、代案の余地なしと言ってよいだろう。本種は、その中で日本最大種であるため、「大」ゾウムシと呼ばれる。海外のゾウムシには、ずっと大きく、色も派手なものがいるが、国内では2cmあれば最大クラスであり、色彩も地味なものが多い。カブトムシを捕りに行くと、一緒に樹液で見つかることが多い。

成虫はクヌギなどの樹液で見つかる。驚くと落下し、木の根際に枯れ葉でも積っていれば、もう見つからない。

ヨツボシオオキスイ
四つ星大木吸い

Helota gemmata
分類：甲虫目　オオキスイムシ科
成虫の出現期：4〜9月
分布：北海道〜九州
体長：11〜15mm

夏の虫

「無視される虫」で、いじられキャラにさえなれない。四つの星は、せめてもの自己主張といったところか？

名前の由来
確かな出典はないが、「木」の汁を「吸う」虫の中で、ケシキスイよりは「大」きく、「四つの星」がある虫、と解釈してみた。

　樹液酒場で大型甲虫が派手な立ち回りを演じている傍らで、樹皮のくぼみにすっぽり埋没し、誰に気づかれることもなく、樹液にありついている。「ヨツボシ」の名のとおり、4つの黄色いスポットはよく目立ち、本種のアクセントになっている。「木吸い」は、「木の汁を吸う」ことから来たのではないかと思えるが、確かな出典はない。小さい虫で、「大」の説明が難しいが、同じように樹液を吸う小型甲虫に、芥子粒のように小さい「ケシキスイ」がおり、それよりは大型、ということで、「大」木吸いになったのではないかと思う。

成虫はクヌギなどの樹液で見つかる。ムナビロオオキスイという「そっくりさん」がおり、図鑑などで両者のちがいを見ておくとよい。

夏の虫

マイマイカブリ
蝸牛被り

Damaster blaptoides
分類：甲虫目　オサムシ科
成虫の出現期：4〜10月
分布：北海道〜九州
体長：26〜65mm

このグルメなオサムシは、日本固有種。エスカルゴの本場、フランスにもいないのだ。

ヒメマイマイカブリ
（マイマイカブリの関東地方亜種）

名前の由来
「マイマイ」はカタツムリ、「カブリ」は「被り」である。カタツムリの殻に首を突っ込む姿からの命名である。

　日本の固有種であり、奇妙奇天烈なオサムシである。カタツムリを主食とするため、カタツムリの殻に首を突っ込みやすいよう、胸から先が細く長く進化を遂げた。オサムシ全体から見れば、かなり異形のオサムシと言ってよい。「マイマイ」とはカタツムリの意味で、「カブリ」はカタツムリの殻を「被って」いるようだとして、「マイマイ被り」になった。後ろばねが退化して飛べないため、大きな川などがあると移動できず、長い間に地域ごとに異なる特徴を持つようになり、いくつもの亜種に分化している。写真のものは関東地方の亜種で、少し小さく、「ヒメマイマイカブリ」の亜種名を授けられている。昆虫の名前でよく使われる「ヒメ」には、「小さい」の意味がある。

時には樹液をなめている姿を見ることもある。本気でクワガタムシと戦えば勝てそうに思うが、意外にもそういう場面に出くわしたことがない。

夏の虫

クワガタムシの大あごがおもちゃのように思えてきてしまう。マイマイカブリの大あごは、カタツムリを料理するための鋭利な肉切り包丁だ。

「マイマイ」を「被る」姿。こんな光景から、マイマイカブリと名づけられたのだろう。

63

夏の虫

ハンミョウ
斑猫

Cicindela japonica

別名：ミチオシエ（道教え）
分類：甲虫目　オサムシ科
成虫の出現期：4〜10月
分布：本州〜沖縄
体長：18〜23mm

長大な大あごを持つ。

虫なのに、「ネコ科」と呼びたくなるような身のこなし。「斑猫」とは、実に秀逸なネーミングだ。

名前の由来　猫のように俊敏に狩りを行う斑の虫。別名「ミチオシエ」は、逃げていく姿がまるで道案内をしているように見えることからの命名である。

　斑の猫と書いてハンミョウと読む。語感も字づらも、実にしゃれた命名だと思う。英語ではタイガー・ビートルと呼ばれるが、洋の東西を問わず、やはり「ネコ科」の虫に見えるのだろう。ふわっと飛び立ってスッと着地し、無駄のない動きで獲物を狩るシーンは、確かにネコ科のハンティングを思わせる。別名の「ミチオシエ」は、山道などで人が近づくと短距離を飛んで逃げ、こちらが歩を進めるたびに、常に一歩先を行くように逃げていく姿が道案内をしているように見えることから、「道教え」と呼ばれるようになった。

日当たりのよい乾いた地面で獲物を待つ。獲物が視界に入った瞬間、音もなくふわりと飛び立って襲いかかる。

ミイデラゴミムシ
三井寺芥虫

Pheropsophus jessoensis

別名：ヘッピリムシ（屁っぴり虫）
分類：甲虫目　オサムシ科
成虫の出現期：冬季を除き、ほぼ1年中
分布：北海道〜九州
体長：11〜18mm

地面の上で見つかる。板切れなどが落ちていたら、その下に潜んでいるかもしれない。

夏の虫

「熱い！」の直後に、「臭い！」のダブルパンチが来る。人間だって撃退してしまう、強力な化学兵器の使い手だ。

名前の由来　尻からガスを発射する習性が、三井寺にある鳥羽絵「放屁合戦」を想起させたためと思われる。

　滋賀県大津市に三井寺という地名があるが、この虫の名になぜその地名があるのか、長らく謎のままだった。しかし2004年に、この地の円満院門跡にある鳥羽絵「放屁合戦」にちなむのでは、とする論考が八尋克郎博士により発表※され、これは非常に説得力のある考察で、おそらくまちがいないと思う。ガスを発射する虫→「放屁合戦」→絵の収蔵先が三井寺、というわけである。本種のガスはちょっとした化学兵器で、体内で2つの物質を急激に化学反応させ、摂氏100度を超えるガスにして、任意の方角に正確に発射できる。

霧状のガスが発射された瞬間。

※八尋克郎（2004）「ミイデラゴミムシの語源」地表性甲虫談話会会報, 1：2-6

夏の虫

オオスズメバチ
大雀蜂

Vespa mandarinia

別名：スズメバチ
分類：ハチ目　スズメバチ科
成虫の出現期：4〜11月
分布：北海道〜九州
体長：28〜40mm（働きバチ）

世界最大のスズメバチである。巣は土中や木のうろなど、外からは見えない場所にあるので要注意だ。

これらは、いずれも女王バチである。働きバチより少し大きいが、外見上、大きなちがいはない。大あごで威嚇し、時には針をちらつかせて脅すこともある。

夏の虫

中央で向き合っている2匹がオオスズメバチ。上下の個体と、飛んでいる個体はヒメスズメバチである。やはり、世界最大のスズメバチが、よい場所を独占する。

> **名前の由来** 諸説あるが、「雀のように大きいハチ」という説（実際はそこまで大きくはない）を支持したい。さらにその最大種が、「大」雀蜂である。

同種でも、巣がちがえば敵である。一触即発の場面だ。

　その危険性ばかりが喧伝されているが、よく見れば実に格好のよい虫だと思う。巣に近づくことは厳禁だが、クヌギの樹液に来ている時は殺気立っておらず、ある程度の距離を置けば観察も可能だ。特に、働きバチが誕生する前の6月前半までに見られる個体は、ほとんど女王バチと思ってよく、働きバチより攻撃性が低い。ハチの針は、もともと産卵のための器官であって、オスバチは針を持たず、メスである女王バチと働きバチだけが針を持つ。働きバチは不妊のメス※で、女王だけが受精卵を産むが、刺すという行為は、いわば「産卵管の目的外使用」であって、女王バチは、なかなかその剣を抜こうとはしないのだ。そうは言っても、やはり細心の注意を払ってつき合うべき虫であることには変わりない。

※働きバチも、未受精卵を産むことはできる。未受精卵からは、オスバチが誕生する。

イラガセイボウ
刺蛾青蜂
Praestochrysis shanghaiensis

別名：イラガイツツバセイボウ
分類：ハチ目　セイボウ科
成虫の出現期：5〜10月
分布：本州〜九州
体長：12〜13mm

夏の虫

英名 cuckoo-wasp は、托卵する鳥・カッコウになぞらえた秀逸な命名。なるほど、繭に「托卵」するわけだ。

名前の由来
「青い蜂」なのでセイボウ。イラガを寄生対象に選んだことで、「イラガ」セイボウと命名された。

「青い蜂」と書いてセイボウと読む。輝くような青藍色からの命名で、セイボウと呼ばれるグループは国内から20種ほどが知られるが、いずれ劣らぬ美麗種ばかりである。この「青い宝石」たちの素性は寄生バチで、多くのセイボウが他のハチ類に寄生する習性を持つが、このイラガセイボウだけは、寄生対象として蛾を選んだ変わり者である。枝先のイラガの繭は、木々が葉を落とす冬になると非常に見つけやすくなる。イラガセイボウの産卵痕がある繭だけを集めてくれば、6月頃に成虫が出てくる姿を見るのも難しいことではない。寄生対象として、ハチ類ではなくイラガを選んでくれたおかげで、そんな場面を観察しやすくなったとも言えるだろう。成虫は、花に来ている姿がよく目撃される。

イラガ自身が脱出した穴は、宇宙船のハッチを押し上げたように美しい。この状態の繭を「雀の小便担桶」と呼ぶ。担桶は「肥たご」の「たご」で、小さいので「雀仕様の」担桶というわけだ。

夏の虫

別名イラガイツツバセイボウの「イツツバ」とは、このお尻の先の「五つの歯」から来ている。

イラガの繭

この痕跡を持つ繭を集めてくれば、5月末〜6月頃にイラガセイボウの成虫が出てくる。

イラガの繭から出てきたイラガセイボウの成虫。脱出口は、きれいな円形になるとは限らない。

69

夏の虫

トゲアリ
棘蟻

Polyrhachis lamellidens
分類：ハチ目　アリ科
成虫の出現期：4〜10月
分布：本州〜九州
体長：働きアリ 7〜8mm

胸が赤い2種のアリ。丸腰なのがムネアカオオアリ、2本の剣を差しているのがトゲアリである。

寄生される側のムネアカオオアリ（働きアリ）

トゲアリの働きアリ

名前の由来　よく目立つトゲを備えているため、「棘」アリとなった。

　とげとげしい姿が、いかにも平和主義者ではない雰囲気を漂わせる。本種は確かに、他のアリの巣を乗っ取り、その労働力を搾取する「社会寄生」という習性を持つ。トゲアリの女王は、クロオオアリやムネアカオオアリの巣に単身乗り込んでいき、自分より大きな相手方の女王を襲って殺す。女王を失い、巣を乗っ取られた側のアリは、以後はトゲアリの女王に支配され、トゲアリの幼虫をせっせと育てることになるのだ。体のトゲは、こうした略奪のためのバトルに直接役に立っているようには見えず、その機能は不明である。

アブラムシが出す甘い汁に誘われて、集まってくる。

ヒメカマキリモドキ
姫蟷螂擬

Mantispa japonica
分類：アミメカゲロウ目　カマキリモドキ科
成虫の出現期：7〜8月
分布：北海道〜九州
開張：20〜30mm

夏の虫

カマキリの上半身にクサカゲロウの下半身をつけたような、まるで人魚姫のような虫である。

名前の由来　「カマキリに似て非なるもの」という意味である。「ヒメ」は、そのグループ内の小型種であることを意味する。

　カマキリと、どちらが「本家」かわからないのに、「もどき」と呼ぶのも失礼な話だと思う。昆虫界には、こうした不公平な命名用語が3つあり、名前の末尾につけるのが「モドキ」（擬）と「ダマシ」（騙し）で、名前の先頭につけるのが「ニセ」（偽）である。カマキリモドキは、カマキリそっくりな鎌状の前あしを持つが、分類上、両者は縁もゆかりもない。肉食昆虫が、口に近い前あしを捕獲器に特化させるというのは、進化の上でひとつのトレンドであったのだろう。カマバエ（鎌蝿）なども、同様の前あしを持っている。

クサカゲロウの仲間を捕食するヒメカマキリモドキ。クサカゲロウも肉食（アブラムシを食べる）だが、相手が強過ぎる。

夏の虫

シオカラトンボ
塩辛蜻蛉
Orthetrum albistylum

別名：ムギワラトンボ（麦藁蜻蛉）・・・♀の別名
分類：トンボ目　トンボ科
成虫の出現期：5～10月
分布：北海道～沖縄
体長：47～61mm

「とんぼのめがねは水色めがね・・・」の歌のモデルは、おそらく本種のオスと思われる。

オスの成熟個体

　日本で最もポピュラーなトンボである。ゴールデンウイークの頃から現れ、ヤゴから羽化してしばらくは雌雄とも黄色く、オスだけが成熟とともに灰白色の粉で覆われていく。この粉を塩に見立てたというのが、「塩辛トンボ」の名の由来である。まれに、メスにもこの変化が起きるものがいるが、たいていは黄色いままで、これには、「麦藁」の色に見立てた「ムギワラトンボ」の別名がある。「とんぼのめがねは水色めがね・・・」という歌があるが、実は水色の複眼を持っているトンボは少数派だ。シオカラトンボのオスは、この要件を満たしており、歌のモデルとなったのもおそらく本種だろう。「メスでも塩を吹く個体がいる」と述べたが、メスの複眼はおおむね緑色で、「緑の目ならメス」である。

天敵の目を避けるように、羽化は夜間に行われる。

夏の虫

メス。ムギワラトンボ
と呼ばれる

名前の由来 成熟とともにオスの体を覆っていく灰白色の粉を「塩」に見立てた命名である。

歌のモデルになったと思われるオスの水色の複眼。

交尾。連結したまま飛び回ることもある。

73

夏の虫

アジアイトトンボ
亜細亜糸蜻蛉
Ischnura asiatica

分類：トンボ目　イトトンボ科
成虫の出現期：4〜11月
分布：北海道〜沖縄
体長：23〜34mm

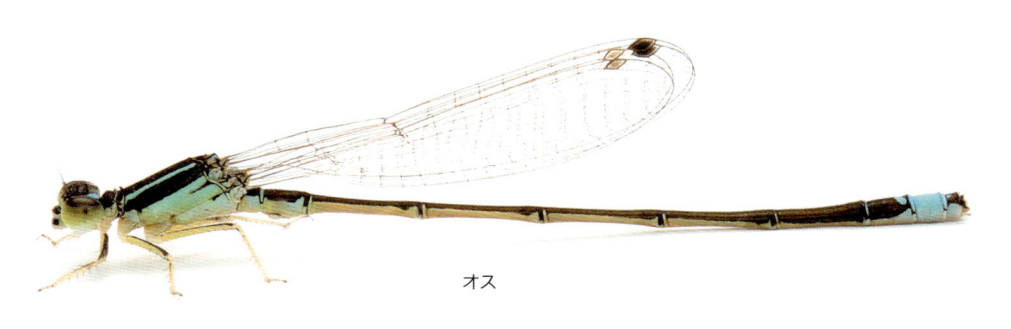

赤いドレス姿は、若いお嬢さん。花嫁修業が終る頃には、緑のドレスに袖を通す。

オス

名前の由来
糸のように細いので糸トンボ。アジア大陸の東側に広く分布するため、アジア糸トンボとなった。

　アジア大陸の東側に広く分布し、学名からも「asia」の文字が見て取れる。春から晩秋まで姿が見られる普通種で、個体数も多い。イトトンボのように、前ばねと後ろばねの形状がほぼ等しいトンボのグループを英語ではdamselfly（ダムセルフライ）、シオカラトンボのような、後ろばねが幅広いグループをdragonfly（ドラゴンフライ）と呼ぶが、トンボ人気が高く、しかも細やかな日本で、これらがあまり厳密に区別されていないにも拘らず、トンボがさほど好まれない英語圏で、両者がはっきり別名で呼ばれているのは不思議なことに思う。トンボ類には、羽化から性成熟までの間に体色を劇的に変えるものが多いが、本種のメスもそのタイプで、赤から緑へと別種のように大きく体色を変化させる。

夏の虫

メスの未成熟個体（赤色）

メスの成熟個体（緑色）

交尾。池のほとりの草の上などで見られ、連結したまま数時間にも及ぶことがある。

産卵。メスが単独産卵するイトトンボは、実は珍しい。多くはオスと連結したままで行う。

夏の虫

キリギリス
螽蟖

Gampsocleis sp.
分類：バッタ目　キリギリス科
成虫の出現期：6〜10月
分布：本州〜九州
体長：29〜40mm（♀の産卵管は除く）

セミと同様に、騒がしいといえば騒がしいが、キリギリスの声には不思議な清涼感がある。

メス（ニシキリギリス）

名前の由来
コオロギと呼ばれた鳴く虫の中にあって、ひときわ目立つ本種が別名をもらって独立したのでは？

※現在は「キリギリス」という名の虫はいないことになっており、東日本の「ヒガシキリギリス」と西日本の「ニシキリギリス」に分けられていますが、本書では両者を包括して扱っています。

　キリギリスとコオロギの呼び名が、かつては逆であったとする説が広く支持されているが、「両者が厳密には区別されていなかった」というのが実情に近いのではないかと思う。鳴く虫一般を、セミまで含めてコオロギと呼んでいた時代もあるほどで、その中でひときわ目立つ存在であった本種がその声の特徴（チョンギース）からキリギリスの別名でも呼ばれるようになり、いつしか定着していったということだろう。やさしげな声で鳴くコオロギの中にあって、本種の鳴き声のイメージは強烈で、同一名称で呼び続けるには無理もあったにちがいない。俳句の世界では「秋の季語」とされているが、炎天下で聞いてこそ、本種の鳴き声には趣があると思う。夏の強い陽射しのもとで聞きたい声である。

夏の虫

孵化して活動を始めた幼虫。5mmぐらいの大きさだが、すでに親によく似ている。

オス（ヒガシキリギリス）

交尾。本種の交尾スタイルは、メスが上になる。

草の上に出てきたオス。普通は、声はすれどもなかなかその姿を見せることはない。

夏の虫

ハヤシノウマオイ
林の馬追い

Hexacentrus hareyamai

分類：バッタ目　キリギリス科
成虫の出現期：8〜10月
分布：本州〜九州
体長：35〜40mm（♀の産卵管は除く）

昼間でも姿は見られるが、趣のある鳴き声を聞きたいと思ったら、涼みがてら夜のお散歩へ出かけてみよう。

オス

メス

名前の由来　鳴き声が、馬子（まご）が馬を追い立てるときの「はやし声」に似ているということで命名された。

「スイッチョ」と呼ばれることもあるが、本種の別名というより、「この手の鳴く虫」を十把ひとからげに呼ぶときの総称であろう。本家「スイッチョ」は確かに本種で、スイーッチョ、スイーッチョ、と長く引っぱるような声で鳴く。この声が、馬子（まご）が馬を追いたてるときの声に似ているということで「馬追い」と名づけられた。つまり、馬子がいた時代から人々の関心をひく虫であったということである。本種は林の中に多いが、草地にはハタケノウマオイという別種がおり、シイチョ、シイチョと伸ばさずに短く鳴く。

はねを震わせて鳴くオス。夜のしじまによく響きわたる声だ。

78

トノサマバッタ
殿様飛蝗

Locusta migratoria

別名：ダイミョウバッタ（大名飛蝗）
分類：バッタ目　バッタ科
成虫の出現期：6～11月
分布：北海道～沖縄
体長：35～65mm

夏の虫

ツチイナゴ（35ページ）の方が大きいが、本種には、「殿様」と呼ばせるだけの威厳と風格がある。

緑色型メス

褐色型メス

名前の由来　大きくて威厳のある姿から、「殿様」バッタと命名された。

　大きく、その堂々たる姿から「殿様」の名を授かった。別名の「大名」も同様である。俳句の世界では、バッタは秋の季語として「はたはた」と呼ばれるが、飛ぶときの音からの命名だそうで、であれば、トノサマバッタがそのモデルだろう。羽ばたく音がはっきり聞き取れるほどのバッタは本種とショウリョウバッタぐらいしかおらず、キチキチという羽音のショウリョウバッタは、「はたはた」には聞こえない。本種は開けた場所に多く、目ざといバッタで、人の接近をなかなか許さない。写真を撮るのも一苦労のバッタだ。

交尾。オスが緑色型で、メスは褐色型だ。目ざといバッタで、交尾中でもなければ、2m以内に接近することはできない。

夏の虫

ナナフシ
七節／竹節虫

Baculum irregulariterdentatum

別名：ナナフシモドキ
分類：ナナフシ目　ナナフシ科
成虫の出現期：6〜10月
分布：本州〜九州
体長：♂ 57〜62mm、♀ 74〜100mm

英名の walking stick（歩くステッキ）も、なかなかしゃれた命名だと思う。

メス

名前の由来　はねがなく、むき出しになっている腹部に多くの体節が目立つため、「七つ（＝たくさん）の節がある虫」として、七節になった。

　カムフラージュの名手として名高いが、「もう少し、止まる場所を選んだら？」と言いたくなるような目立つ場所にいることも多く、無頓着というか、素材の良さを生かしきれていない印象がある。「七節」という表記は、七という数字に特別な意味があるわけではなく、単に「節がたくさんある虫」というほどの意味で、実際には体節はもっと多い。「竹節虫」の方は、中国語表記に由来するが、こちらの方が体節のイメージはよく伝わると思う。本種にはオスはめったに出現せず、メスだけで繁殖が可能だが、オスがいれば普通の両性生殖も行う。春に生まれた幼虫は、各種の広葉樹の葉を食べて育ち、6〜7月頃に成虫になる。ナナフシ類の卵には、凝ったレリーフを持つものが多く、民芸品のようだ。

夏の虫

羽化するナナフシ。はねがない虫でも、羽化という。

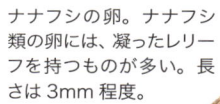

ナナフシの卵。ナナフシ類の卵には、凝ったレリーフを持つものが多い。長さは3mm程度。

枝先を歩くナナフシ。おもに夜間に活動する。

夏の虫

ヒゲジロハサミムシ
髭白鋏虫
Anisolabella marginalis

分類：ハサミムシ目　マルムネハサミムシ科
成虫の出現期：4〜11月
分布：本州〜九州
体長：18〜30mm

暗く、じめじめした場所の住人だが、その母性愛を知れば、決して日陰者などとは言えなくなる。

「髭白」と言っても、白いのはごく一部だ。

名前の由来
お尻に鋏があるので鋏虫。触角の一部が白いので「髭白」鋏虫だが、この条件に合致する種が、あと2種類いる。

　お尻に鋏を持つ、印象的なシルエットの虫である。「裏庭」といったイメージの日陰のじめじめした場所に多く、植木鉢や敷石などを持ち上げてみると、その下にいることが多い。ダンゴムシがいるような場所が、ヒゲジロハサミムシの好む環境と言ってよいだろう。ハサミムシの仲間には、産んだ卵や、孵化直後の幼虫をしばらく保護する習性を持つものが多く、本種も例外ではない。卵や幼虫にちょっかいを出してみると、母親がお尻の鋏で反撃してくるので、この鋏が立派に武器として機能していることがわかる。死んだ動物や、くさった植物質などを食べて育つが、成虫になってもはねを持たないため、どの時点で成虫になったかの判断が難しい。

産んだ卵を保護する。1個1個、なめるようなしぐさを見せることもある。

保護の甲斐あって、ぶじに孵化した幼虫。小さくても、ちゃんと鋏を持っているところがかわいらしい。

つまようじで、卵をツンツンしてみた。母虫の怒りはすさまじく、つまようじをガッチリと挟みつけ、指先に母の思いが伝わってくるようだった。

夏の虫

夏の虫

アブラゼミ
油蟬

Graptopsaltria nigrofuscata

分類：カメムシ目　セミ科
成虫の出現期：7〜10月
分布：北海道〜九州
体長：55〜63mm

「日本の夏」の通奏低音。関東では、彼らの鳴き始めに合わせるかのように、小学校の夏休みが始まる。

名前の由来　諸説あるが、ジリジリ･･･という鳴き声が、油で炒め物をしている音に似ているから、という説を支持したい。

夏の虫

鳴くオス。鳴くときは、はねをやや開き気味にする。

　日本では最も普通のセミだが、世界的には、はねが透明でないセミというのは少数派だ。雑木林の蝉時雨の中では、ミンミンゼミやツクツクボウシが抑揚のある声でマイフレーズを歌い上げるのに対し、ジリジリ…という単調な本種の声は、楽曲の通奏低音のように聞こえる。「油」ゼミという名前は、この鳴き声が油で炒め物をしている音に似ているから、という説と、茶褐色のはねが油紙のようであるから、とする説があるが、前者を支持したいと思う。炎天下にこの声を聞いていると、まるで自分がフライパンで炒められているような気がしてくるのだ。夏の終りに枯れ枝などに産み込まれた卵は、最初の冬はそのまま卵で越し、翌年から5年にわたる地中生活を経て、6年目の夏に羽化して成虫になる。

羽化の条件がよい場所には、こうしてぬけがらが集中する。

天敵の目を避けるように、羽化はほとんど夜間に行われる。夕方、地上を歩く幼虫を見つけたら、連れて帰ってカーテンなどに止まらせてみよう。必ずその晩のうちに羽化シーンが見られる。

85

夏の虫

身近な夏のセミ

それぞれのセミの初鳴きを聞くと、少年時代の夏の思い出が鮮やかによみがえる。種によって出現期が少しずつ異なるため、夏休みの起承転結は、いつもセミたちの声で彩られていた。夏の到来を告げるのも、夏を追いたてるのも、つねにセミたちの声だった。

クマゼミ
【成虫の出現期】7～9月
【分布】本州（関東地方）～沖縄。「シャワシャワシャワ…」と騒がしいセミだが、関東地方出身者にはクマゼミの思い出がない。東京あたりでは、まだ十分に勢力を拡大できないようだ。

ミンミンゼミ
【成虫の出現期】7～9月
【分布】北海道南部～九州。アブラゼミとほぼ同じ頃に鳴き始める。すばしこいセミだが、個体数が多い場所では極端に鈍感になる。「ミーンミンミンミー…」と節まわし豊かに鳴く。

ヒグラシ
【成虫の出現期】7～9月
【分布】北海道～九州。俳句では秋の季語とされているが、ここに載せた6種の中では、2番目に出現が早い。「カナカナ…」という涼しげな鳴き声が秋のイメージということなのだろう。

夏の虫

アブラゼミ
【成虫の出現期】7～10月【分布】北海道～九州。 関東では、小学校の夏休みのスタートに合わせるかのように、7月20日頃に鳴き始める。「ジリジリ…」と騒がしく鳴き、ツクツクボウシより遅くまで見られる。

ニイニイゼミ
【成虫の出現期】6～8月【分布】北海道～沖縄。 ここに載せた6種の中では、最も早い6月下旬に鳴き始める。「チイィー…」と穏やかな声で鳴く本種こそ、「閑さや岩にしみ入る蟬の声」のモデルと言われる。

ツクツクボウシ
【成虫の出現期】8～9月【分布】北海道～九州。 ここに載せた6種の中で、最も遅い8月上旬に鳴き始める。「オーシンツクツク…」という慌ただしい鳴き声は、ゆく夏のカウントダウンに妙にマッチしている。

夏の虫

アカスジキンカメムシ
赤筋金亀虫

Poecilocoris lewisi
分類：カメムシ目　キンカメムシ科
成虫の出現期：5〜10月
分布：本州〜九州
体長：16〜20mm

日本のカメムシを代表する美麗種である。かつて60円切手の図案にもなったことがある。

成虫

終齢幼虫

名前の由来 亀のような体型なので「亀虫」、金属光沢があるので「金」亀虫、赤い筋があるので「赤筋」金亀虫である。

88

夏の虫

白と黒のまだら模様で、終齢幼虫には、「パンダカメムシ」の異名がある。

交尾。尾端を合わせて、互いに逆方向を向くスタイルである。

寄主植物の葉に、多くの場合、14個の卵をまとめて産む。

　カメムシといえば嫌われ者で、「臭くて嫌な奴」というイメージだが、ここまで美しければ、眉をひそめずに見てもらえるだろう。キンカメムシ科には、もっと美しい種もいるのだが、散歩で出会えるほど身近な存在は本種だけである。コブシやムラサキシキブ、ミズキなどがあれば、ちょっと足を止めて探してみよう。「カメムシ」という名前は、亀のような体型から来ており、キンカメムシ科の「キン」は、金属光沢を持つ種が多いことから来ているらしい。金緑色の地色がすばらしく美しい本種の名前に、「緑」を表す文字が何もなく、アカスジ（赤筋）だけというのは、「え、そっちかい？」と思わずひとこと言いたくなるが、どこを一番美しいと感じるかは、人それぞれということだろう。

89

夏の虫

ヨコヅナサシガメ
横綱刺亀

Agriosphodrus dohrni

分類：カメムシ目　サシガメ科
成虫の出現期：4〜10月
分布：本州（関東地方北部）〜九州
（分布を北へ拡大中）
体長：16〜24mm

「ヨコヅナ」と呼ばれるが外来種。昆虫の世界でも、外国人力士は昇進が早い？

終齢幼虫

成虫

名前の由来　腹のまわりの白・黒のまだら模様が、土俵入りの際に横綱が締める綱（横綱）に見えることからの命名である。

　カメムシ類はみな刺す口を持っているが、その口で植物の汁を吸うか、他の昆虫などに突き刺して体液を吸うか、食性には2タイプがある。肉食タイプには「刺し亀」と呼ばれる大きなグループがあり、本種はその中でNo.2の大型種である。腹のまわりをぐるりと取り囲む白と黒のまだら模様が、土俵入りの際に横綱が締める綱（横綱）に見えることから「横綱」刺し亀と名づけられた。外来種で、最初に九州に上陸してから数十年で、すでに北関東まで分布を広げている。植栽の移動にともなう人為的な国内移入があるのだろう。

アカスジキンカメムシの幼虫を集団で襲うヨコヅナサシガメの幼虫。

ウシカメムシ
牛亀虫

Alcimocoris japonensis

分類：カメムシ目　カメムシ科
成虫の出現期：3〜11月
（真冬に姿を見かけることもある）
分布：本州〜沖縄
体長：8〜9mm

夏の虫

カメムシとは言え、せめて2cmあれば人気昆虫になっていたかもしれない。実際はその半分もない。

名前の由来　左右に張り出した胸の突起を牛の角に見立てて、「牛」カメムシと命名された。

　左右に張り出した胸の突起が、牛の角を思わせる。実に格好がよく、会ってみたいと思わせるカメムシだが、どこでも個体数は多くなく、小さいこともあって、見つけにくいカメムシだ。見かけるときは、いつも単独で木の枝や幹などにポツンと止まっており、何かをしている場面に遭遇したことがない。寄主植物としてはアセビを好むということなので、アセビの木があれば、出会いの可能性も少しは高まるだろう。図鑑によって成虫の出現期の記述に大きな幅があり、実際、真冬に活動している個体を見かけることもある。

見かけるときは、いつもこんな感じで、樹皮などにポツンと1匹で止まっている。

夏の虫

オオトリノフンダマシ
大鳥の糞騙し
Cyrtarachne inaequalis

分類：クモ目　ナゲナワグモ科
成虫の出現期：7〜10月
分布：本州〜沖縄
体長：♂2mm程度、♀10〜13mm
（このページ内の写真は全て♀）

「生首カマキリグモ」の方がぴったりだが、やはり「鳥の糞騙し」の名前のインパクトには負ける。

正面顔

名前の由来
鳥糞擬態の名手ということで「鳥の糞騙し」となり、このグループ内の大型種ということで、「大」がつけられた。

夏の虫

葉をめくると、そこにはカマキリの生首が･･･!?

突然の光に驚いて、２本、４本とあしが現れ、ごそごそと動き出す。

あしが全て現れると、これでクモであることがはっきりする。

特徴的な形の卵のう。これが見つかれば、近くに本種がいる目印になる。

　べたっとした質感や、その模様が鳥の糞を思わせるということで、「鳥の糞騙し」となった。しかし、昆虫やクモにはもっと本格的な「鳥糞擬態名人」が多数知られており、この程度の擬態効果で献名されても、本人としては肩身がせまいのでは？と思ってしまう。夜間は網を張ってクモとしての正体を見せており、網をたたんで葉裏で休んでいるのは昼間の姿である。「自分は鳥の糞ですよ、食えませんよ」、とアピールして鳥の捕食を免れようというなら、葉の表にいるべきなのだが、葉裏にいては、擬態として辻褄も合わない。葉をめくった際に、カマキリの生首があるように見えてギョッとしたことがあるが、そうだとしても、「カマキリの生首擬態」がどう機能するのか、こちらもアピール対象が謎である。

ジグモ
地蜘蛛

Atypus karschi
分類：クモ目　ジグモ科
成虫の出現期：ほぼ１年中（♂は夏季のみ）
分布：北海道〜九州
体長：10〜20mm

夏の虫

ニックネームの多さが、かつての人気を偲ばせる。もっとも、不人気の方が、落ちついて生活はできそうだ。

名前の由来　空間に網を張るクモではなく、地表と地中がその生活の舞台であるため、「地」グモとなった。

　フクログモ、ドログモ、ジモグリなど、40を超える地方名の多さが、人間との距離の近さを示している。垣根や土塀などでごく普通に巣が見られる本種は、かつて子供たちのよき遊び相手であったのだろう。地上部と地下部を持つ袋状の巣は、地上部をつまんでそーっと引き抜くと、地下部が一緒について出てくるが、失敗すると途中で切れてしまい、子供たちはそのスリルを楽しんだ。クモは巣の地下部に潜んでおり、獲物が地上部に触れた振動を感じると直ちに袋内を駆け上がり、袋ごしに獲物に嚙みついて捕獲する。

足もとに巣があっても、関心がないと全く気づかないものだ。

秋の虫

秋の虫

キタテハ
黄立て羽

Polygonia c-aureum

分類：チョウ目　タテハチョウ科
成虫の出現期：3〜11月
分布：北海道（南部）〜九州
開張：50〜60mm

「黄タテハ」が黄色を脱ぎ捨てると秋。夏休みが終わると急に美人になっている娘さんのようだ。

名前の由来
「黄」色の「立て羽」チョウである。実際には、はねを立てずに開いて止まることも多く、適切な命名とは思えない。

　名前に「タテハ」とつくチョウの中では、最も普通に見られる。夏型・秋型という季節型を持ち、9月末に羽化した秋型がそのまま成虫で越冬するため、春に見られる個体は全てが秋型である。夏型は黄褐色で、明らかに夏型の色彩にもとづく命名だが、美しさでは、秋型が断然上だ。セミの声もまだ止まぬ9月下旬、ハッと息を飲むような鮮やかなオレンジ色に衣替えしたキタテハに出会うと、夏の終了宣言を公式に告げられたような気になる。この時期は、自分の役目を果たし終えた傷だらけの夏型も同時に見られ、ひと夏を生きぬいた「引き際」の夏型と、長い冬を生きぬく覚悟を内に秘めたみずみずしい秋型とが交錯する光景に、四季のある日本に生まれた幸せを、いつもしみじみと感じるのである。

秋の虫

菊の花を訪れた秋型。

「黄」タテハの名前のもととなった夏型。

食草のカナムグラの葉で作られたテント内のさなぎ。

秋の虫

モンキチョウ
紋黄蝶

Colias erate

分類：チョウ目　シロチョウ科
成虫の出現期：3〜11月
分布：北海道〜沖縄
開張：40〜50mm

春から秋まで見られるが、黄色いチョウは、秋に見るとひときわ美しく感じられる。

名前の由来
「紋のある黄色い蝶」ということで、「紋黄蝶」となった。

「モンシロチョウの黄色版」というわけではないが、命名の構図は一緒である。「紋のある黄色い蝶で、紋自体が黒いことへは言及しない」という、くどくない、スマートな命名だと思う。早春から出現し、啓蟄前にその姿を見せることもあるため、成虫で越冬するものと誤解され、一時は「越年蝶」の別名で呼ばれていたこともある。実際には、本種は幼虫越冬であるから、春のきざしもまだ見えぬ2月中にさなぎになる個体もいるのだろう。本種のオスは、常に「紋のある黄色い蝶」だが、メスには、黄色い部分がそっくり白に置き換わるタイプがおり、特別珍しいものではない。幼虫は、シロツメクサなどの、いわゆるクローバーを食べるため、除草の行き届かない公園などに多い。

秋の虫

アカツメクサで吸蜜。幼虫の食草でもある。

シロツメクサに止まる幼虫。

葉の表面に産みつけられた卵。

秋の虫

キタキチョウ
北黄蝶

Eurema mandarina

分類：チョウ目　シロチョウ科
成虫の出現期：3〜11月
分布：本州〜沖縄
開張：35〜45mm

沖縄にもいるのに、「北」キチョウ。突っ込みどころ満載の改名劇ではなかったか。

秋型

名前の由来
黄色いチョウ＝黄チョウだったが、キチョウが2種に分けられ、分布域が、より北方であった方が「北」キチョウに改名された。

　もともとはキチョウと呼ばれ、「黄色いチョウ＝黄チョウ」で、この上なくシンプルな名前だった。ところが、区別がつかないほどよく似た2種が、いずれも「キチョウ」として同種扱いされていたことがわかり、一方にはそのまま「キチョウ」を残し、もう一方を「キタキチョウ」と呼ぶことになった。新「キチョウ」は、奄美大島より南の地域にしかおらず、本州から九州（島嶼を除く）までの個体は全て「キタキチョウ」であるから、少数派の方に元名の継続使用を許してしまったことで、多くの混乱を引き起こしている。学術的にどうこうという理屈はわからないではないが、それが理解できる人には学名を使っていただければよいことであり、和名は、まずその安定性を第一義に置きたいものだ。

菊の花で吸蜜する秋型。いかにも秋らしい光景だ。

秋の虫

キタキチョウ（夏型）の後半生。
上から、さなぎのぬけがら、羽化
間近のさなぎ、羽化した成虫。

クロコノマチョウ
黒木の間蝶

Melanitis phedima

分類：チョウ目　タテハチョウ科
成虫の出現期：3〜11月
分布：本州（関東地方）〜沖縄
開張：60〜80mm

秋の虫

暗がりが大好きなチョウ。衣装も地味で、花にも来ないが、彼らにとってはそれが豊かな毎日なのだろう。

名前の由来
薄暗い林内のチョウで「木の間」チョウ。色が濃く、黒っぽく見えるので「黒」コノマチョウと命名された。

真正面から見ると、はねのへりが反り返っており、まるで槍の穂先のように見える。

　薄暗い林内を飛ぶチョウで、「木の間」チョウの名を持つ。日本にもう1種いるコノマチョウ（薄色コノマチョウ）より色が濃く、黒っぽいので、「黒」コノマチョウと命名された。暗い場所にいる上、活動時間帯が日暮れ時に限られ、太陽にここまで背を向けて生きるチョウも珍しい。そんな暗がりに花畑があるはずもなく、樹液や、腐って落ちた果実などがおもな栄養源である。かなり大きい上に、でたらめ（に見える）な軌道で速く飛ぶため、突然目の前に現れるとびっくりさせられる。夏型・秋型という季節型を持ち、秋型がそのまま成虫で冬を越す。冬の間は、落ち葉の間などに身を潜めているようで、この枯れ葉スタイルのはねは伊達ではなく、高いカムフラージュ効果を期待してよさそうだ。

秋の虫

秋型

落ち葉の中にいる秋型。少し離れると、どこにいたか見失ってしまう。

さなぎ。透明感のあるグリーンが美しい。

食草(ジュズダマ)の葉裏にいる幼虫。

幼虫には、2本の不思議な角がある。

秋の虫

身近なチョウの幼虫

ひよこはニワトリの未熟な姿だが、イモムシはチョウの未熟な姿というより、これはこれで生きものとしてある種の完成形にも思える。このまま大人にならなければいいのに…という「幼虫ファン」も最近は少なくないようだ。

ウラギンシジミ（終齢幼虫）
9月頃に、クズの花の中を探せば見つかる。花びらに擬態したイモムシで、クズの花に似せた色づかいがすばらしい。2cm程度で、本州〜九州に分布する。

スミナガシ（終齢幼虫）
10月頃に、アワブキの葉の上で見つかる。アワブキ自体がやや珍しい樹種なので、この木さえ探せれば、見つかる確率は高い。5cm程度で、本州〜沖縄に分布。

アオバセセリ（終齢幼虫）
10月頃に、アワブキの葉を巻いた巣の中で見つかる。スミナガシ同様、アワブキを探すことが幼虫の発見に直結する。5cm程度で、本州〜沖縄に分布する。

※ 出現期が年に何回かある幼虫もいますが、ここでは、秋の出現月を記しました。

秋の虫

キアゲハ（亜終齢幼虫）
9〜10月頃に、ニンジン畑などで見つかる。野や山では、セリやアシタバを探すとよい。円内は終齢幼虫で、5cm程度の大きさだ。北海道〜九州に分布する。

ゴマダラチョウ（終齢幼虫）
秋はまだ小さい幼虫の時期で、10〜11月頃にエノキの葉の上で見つかる。葉が色づく頃には、幼虫も緑から褐色へと体色を変える。北海道〜九州に分布する。

ジャコウアゲハ（終齢幼虫）
9〜10月頃にウマノスズクサの葉の上で見つかる。11月までには、「お菊虫」と呼ばれる奇妙な形のさなぎになる。体長は4cm程度で、本州〜沖縄に分布する。

ヤマトシジミ（終齢幼虫）
9〜11月頃まで、路傍のカタバミで見つかる。葉が損傷している株があれば、本種のしわざかもしれない。1cm程度の大きさで、本州〜九州に分布する。

105

秋の虫

アオオサムシ
青筬虫／青歩行虫

Ohomopterus insulicola
分類：甲虫目　オサムシ科
成虫の出現期：4〜10月
分布：本州（関東地方以北）
体長：22〜32mm

オサムシの漢字表記が「治虫」だと思っている人が多いが、これは誤り。「手塚治虫」からのイメージだろう。

名前の由来　「緑色のオサムシ」という意味。オサムシの体型が旧式の筬（おさ）の形（紡錘形）に似ており、そこから「筬虫」になったとする説がある。

　地表を歩き回り、ミミズなどを捕らえて食べる肉食甲虫である。後ろばねが退化しており飛べないが、その分、歩くスピードは非常に速い。「青信号」と同様に、緑色を「青」と呼ぶケースがあるが、命名は「緑色のオサムシ」という意味である。「筬虫」の「筬（はたおり）」とは機織機の部品名で、旧式の筬が紡錘形であった時代にオサムシの「なで肩」の体型との相似から命名の着想を得たとする説があるが、出典の確かなものは見当たらない。「歩行虫」という漢字表記ならぴったりだが、やや「当て字」感がある。

ミミズを特に好むオサムシである。

アカマダラハナムグリ
赤斑花潜り

Poecilophilides rusticola
分類：甲虫目　コガネムシ科
成虫の出現期：4〜10月
分布：本州〜九州
体長：15〜21mm

秋の虫

数奇な半生を持つ赤いハナムグリは、自然度を知らせてくれるバロメーターだ。

黒い模様は、個体差が大きい。

名前の由来
「赤」い「まだら（斑）」模様のある「ハナムグリ」である。昔は、「アカマダラコガネ」と呼ばれていた。

「花潜（はなむぐ）り」の仲間だが、本種は花を訪れることはなく、グループの一員としてその名を授かっているに過ぎない。成虫は樹液場で見られるが、幼虫は、ワシやタカなどの大型鳥類の巣内で見つかり、排泄物が染みた巣材の中で育つらしい。飼ってみると腐植土でも育つため、この奇妙な生育環境が本種の成長にどれほど不可欠の要件なのかは謎だが、確かに、大型鳥類を育めるような豊かな自然環境下でないと見られない。本書の中では、最も出会いのチャンスが少ない虫かもしれない。姿を見たときには、その土地の自然度の高さを、ぜひ見直していただきたい。

赤い地色は一見よく目立ちそうだが、樹皮上では意外なカムフラージュ効果がある。

秋の虫

クツワムシ
轡虫

Mecopoda nipponensis
分類：バッタ目　クツワムシ科
成虫の出現期：8～10月
分布：本州～九州
体長：50～60mm（♀の産卵管は除く）

「秋の夜長を鳴き通す」楽団の一員であるはずだが、情緒のかけらも感じられない。本種の声はただの騒音である。

褐色型のオス

名前の由来　馬具の轡（くつわ）から来ている。金属製の轡がぶつかるガチャガチャという音に本種の鳴き声が似ているため、「轡」虫となった。

　轡（くつわ）とは、馬の口にくわえさせて手綱をつけるための道具である。金属製なので、轡がぶつかるとガチャガチャと音がする。この音に鳴き声が似ているということで、「轡虫」と名づけられた。鳴き声のボリュームは大変なもので、数百m先まで聞こえるという。一般家庭で本種を飼うのは到底不可能で、隣の部屋で鳴き出されて眠れる人は一人もいないだろう。鳴くのは夜間だけで、昼間はクズの群落の中などで休んでいる。肉食系の猛者が多いキリギリス科に見える風貌だが、本種は純・草食系である。

緑色型のオス。

108

セスジツユムシ
背筋露虫

Ducetia japonica
分類：バッタ目　キリギリス科
成虫の出現期：8〜11月
分布：本州〜沖縄
体長：30〜40mm

秋の虫

弱々しい印象で、カマキリなどのエサとなっていることも多い。朝露のように儚げなイメージの虫だ。

オス

名前の由来
「セスジ」は背すじで、背中の中央の1本の縦すじ模様から来ている。「露虫」は、その儚げなイメージからの命名か。

「セスジ」は背のすじで、背中の中央に1本の縦すじ模様を持つことから来ているが、意外にも、「ツユムシ」の語源がはっきりしない。ウマオイやヤブキリなど猛々しい顔ぶれが並ぶキリギリス科において、本種の繊細で儚げなたたずまいは、なるほど「露」虫のイメージではある。雑木林のへりのような場所でよく見られ、昼間は葉の上などで休んでいるが、夜になると、チ・チ・チ・チ・チチチチ・ジーチョ・ジーチョと鳴き出す。イントロの「チ・チ・チ」の部分の間合いがひどく長く、後半部へ向けて一気に加速していく。

オス成虫。8月から姿が見られるが、「秋の夜長」に似合う虫だ。

秋の虫

スズムシ
鈴虫

Meloimorpha japonica

分類：バッタ目　マツムシ科
成虫の出現期：8〜10月
分布：北海道〜九州（北海道への分布は、人為的な放虫によるものではないかと言われている）
体長：15〜17mm（♀の産卵管は除く）

鳴く虫の世界では、カンタンと並ぶスター。カンタンの歌声をアルトとするなら、こちらはソプラノ歌手だ。

オスの終齢幼虫

オス成虫

名前の由来 諸説あるのは承知の上で、「鈴の音のような鳴き声から命名された」というシンプルな説を支持したい。

　スズムシとマツムシの呼び名が、かつては逆であったとする説が広く支持されているが、スズムシが「リーンリーン」と鳴くのに対し、マツムシは「チンチロリン」と鳴く。松ぼっくりの別名が「チンチロ」であるから、語源が逆であるとすればむしろ違和感があり、素直に「鈴の音のような声で鳴くから鈴虫」という図式でよいのではと思う。音色が最もよく似ているのは、鈴は鈴でも「風鈴」の方かもしれないが…。本種はほぼ夜行性と言ってよく、林縁の散歩みちで昼間にその声が聞けるのは、どんより曇った日に限られる。

はねを垂直に立てて鳴くオス。近くにメスがいると、いっそう甘い声になる。

コバネイナゴ
小翅稲子

Oxya yezoensis
分類：バッタ目　バッタ科
成虫の出現期：8〜11月
分布：北海道〜九州
体長：30〜40mm

「のどちんこ」は、この位置にある。

秋の虫

一番普通のイナゴである。出会う機会も多いので、手にとって「のどちんこ」を見てみよう。

名前の由来
イネの葉を好んで食べることから「稲子」、はねが短めの種であるから「小翅」で、「小翅・稲子」となった。

　水田やその周辺環境に多く、昔はイネを食べ荒らす重要な農業害虫だった。「稲子」の名はそこから来ており、「小翅」は、はねが長いハネナガイナゴなどと比べて、本種のはねが短いことによる。バッタ科であるイナゴが、バッタとはどうちがうのか？ということについては、前胸腹突起、通称「のどちんこ」があるのがイナゴ、ということに一応はなっている（例外はある）。この「のどちんこ」は前あしの間にあり、実際にはのどにあたる部位にあるわけではない。本種は、イナゴの佃煮の材料としてよく使われている。

交尾中でなくても、オスがメスに乗っている姿をよく見かける。

秋の虫

イボバッタ
疣飛蝗

Trilophidia japonica

分類：バッタ目　バッタ科
成虫の出現期：7〜11月
分布：本州〜九州
体長：18〜35mm

トノサマバッタが主役を張るような舞台で、玄人好みの渋い脇役を演じている。

名前の由来　胸部の背面の２つの突出部を「疣(いぼ)」に見立てた命名。あまり疣のようには見えないと思うが、いかがだろうか。

「荒れ地」と言ってよいような乾燥した草原に多く、色も存在感も地味なバッタである。胸部の背面に２つの突出部を持ち、これが「疣(いぼ)」バッタの名前の由来となっているが、あまり疣のようには見えず、適切な命名とは思えない。体の模様が目の中にまで入り込んだような不思議な複眼を持ち、目の存在感が希薄なバッタである。天敵となる捕食者は、まず目を狙うことが多いため、この「死んだようなまなざし」にも、捕食を回避する一定の効果があるのかもしれない。草原の脇役のような、渋い役どころのバッタである。

視線を下げて横から見れば、こうしてその姿が浮き上がるが、「上から目線」では、この保護色はなかなか見やぶることができない。

ハラヒシバッタ
原菱飛蝗

Tetrix japonica
分類：バッタ目　ヒシバッタ科
成虫の出現期：4〜10月
分布：北海道〜九州
体長：8〜13mm

上から見ると、なるほど「菱」型のバッタだ。

メス

個体変異が大きいバッタである。これは、背中に黄色いラインが入るタイプ。

名前の由来
上から見ると体型が菱形をしているので「菱」バッタ。原っぱにいる普通種ということで、「原」ヒシバッタである。

秋の虫

分類が難しく、生態にも謎が多く、個体変異も大きい。こんなに身近なバッタでも、なかなか奥が深い。

むき出しの地面の上に多く、体の色や模様が見事な保護色になっている。昔は単に「ヒシバッタ」と呼ばれていたが、このグループは複雑で、実際にはその中に多くの種が含まれていることがわかったため、最近では、最も普通のヒシバッタは「ハラヒシバッタ」と呼ばれるようになった。「原っぱのヒシバッタ」である。4月から成虫が見られるため、少なくとも一部は成虫で越冬しているのだろう。小さい子供にとって、初めて自分の手で採集体験をする身近なバッタではないかと思うが、この仲間は、分類も生態も奥が深い。

いつでもジャンプして逃げられるよう、後ろあしはつねにその準備ができている。

113

秋の虫

オオカマキリ
大蟷螂

Tenodera aridifolia

分類：カマキリ目　カマキリ科
成虫の出現期：8〜11月
分布：北海道〜九州（北海道への分布は、人為的な放虫によるものではないかと言われている）
体長：68〜95mm

「蟷螂の斧」は、想像以上に強力。時には小鳥まで捕らえて食べてしまう凄腕のハンター。

幼虫は親によく似ているが、はねがない。

名前の由来　諸説あるが、鎌を持つキリギリスが「鎌キリ」という説を支持したい。その国内最大種が「大」カマキリである。

威嚇するメス

　カマキリは「鎌切」ではなく、普通は「蟷螂」と書く。カマキリの「鎌」には、ものを切る機能はない。名前の由来には諸説あるが、「藪のキリギリスがヤブキリで、草むらのキリギリスがクサキリなら、鎌を持つキリギリスはカマキリだろう」、という説を支持したい。実際にはキリギリスの仲間ではないものの、それは分類学のお話であって、歴史上の命名に学者は介在しない。幼い頃は、私も「大きな鎌キリ」がオオカマキリだと思っていた。オオカマキリの成虫は、昆虫界ではほぼ無敵のハンターで、カエルやカナヘビ、時には小鳥まで捕らえて食べることがある。交尾中にメスがオスを食べてしまうという話はあまりにも有名だが、それはかなり不運なオスであって、無事に逃げおおせる個体の方が多い。

秋の虫

偽瞳孔という「にせの瞳」があって、どの角度からカマキリを見ても、必ずこちらと目が合うように感じる。これは、複眼を構成しているたくさんの個眼のうち、たまたま正対する角度にある個眼の奥の色が見通せていることによるものだ。

威嚇する緑色型のメス成虫。本種のメスには、緑色型と褐色型（左ページ）がある。オスは、全てが褐色型である。

クロアゲハを捕らえたオオカマキリ。花で待ち伏せしていることが多い。

秋の虫

ハラビロカマキリ
腹広蟷螂

Hierodula patellifera

分類：カマキリ目　カマキリ科
成虫の出現期：8〜12月
分布：本州〜沖縄
体長：45〜71mm

腹が幅広くても、これを「メタボ体型」とは言わない。遺伝子に組み込まれた、種としてのスタイルなのだ。

メス

幼虫

名前の由来
長さの割に太いカマキリで、腹の部分も幅広い印象を受ける。腹が広いカマキリ＝ハラビロカマキリである。

　長さの割に太いカマキリで、ずんぐりした印象を受ける。幅が広いのは「腹」だけでなく、むしろ太短い胸の部分が一番よく目立つのではないかと思う。オオカマキリやコカマキリが草地に多い種であるのに対し、本種は林内でよく見かけるカマキリである。カマキリ類は多くの種で、緑色型・褐色型の２タイプがあることが知られ、オオカマキリやチョウセンカマキリでは両者の比率にさほど差は感じられないが、本種の場合は多くが緑色型であり、褐色型は少数派である。最近、謎のハラビロカマキリとして、一部の昆虫愛好家を驚かせた大型のハラビロカマキリは、どうやら外来種であると結論づけられたようだが、すでに各地で見つかっており、もはや定着していると考えるべきだろう。

秋の虫

緑色型オスと褐色型メスの交尾

緑色型と褐色型の、いずれもメス。樹木の幹や枝にいることが多いカマキリだ。オオカマキリとは異なり、褐色型はかなり珍しい。

秋の虫

コカマキリ
小蟷螂

Statilia maculata
分類：カマキリ目　カマキリ科
成虫の出現期：8〜11月
分布：本州〜九州
体長：36〜63mm

地味なカマキリだが、カマの内側に謎の模様がある。彼らはこれで何を主張したいのか。

名前の由来
「小さいカマキリ」ということで「小」カマキリとなったが、普通種7種の中では4番目の大きさであり、これは、ちょうど真ん中である。

「小さいカマキリ」ということで、「小」カマキリとなったが、ヒメカマキリやヒナカマキリよりは大きい。「コ ＞ ヒメ ＞ ヒナ」という順番になる。カマキリ類は多くの種で、緑色型・褐色型の2タイプが知られるが、本種はハラビロカマキリとは逆にほとんどが褐色型であり、緑色型はきわめて珍しい。8月の下旬頃になると、羽化したばかりの新成虫が灯りに誘われて窓辺へ次々に飛んでくることがあるが、この時期の成虫には「飛びたい」という強い衝動があるようだ。この習性が、分布の拡大に貢献しているのかもしれない。

こんな場所ではカムフラージュ効果を期待できないが、彼らは止まる場所をさほど選んではいないようだ。

ヒナカマキリ
雛蟷螂

Amantis nawai
分類：カマキリ目　カマキリ科
成虫の出現期：8〜11月
分布：本州〜沖縄
体長：12〜18mm

秋の虫

日本最小のカマキリは、俊敏さでも日本一だ。オオカマキリには真似のできないスピードで駆け回る。

名前の由来　小さいカマキリだが、「ヒメ」カマキリも「コ」カマキリもいるので、「ヒナ」カマキリになったと思われる。

　日本最小のカマキリである。林床の落ち葉や、下草などの間に住み、アリなどの小昆虫を食べている。はねがなく、飛ぶことはできないが、歩くのはきわめて速い。種名先頭の「ヒナ」は、おそらく「小さい」という意味だろう。「ヒメ」や「コ」が、すでに他種で使用済みの場合に、まれに見られる表現だ。「ヒメ」カマキリも「コ」カマキリもいるので、「ヒナ」カマキリになったと思われる。「小さい」ということを表す接頭語としては、他に「チビ」、「ツブ」、「ケシ」などがあり、これらはさらに小さいイメージで使われる。

日本最小のカマキリを指先に載せてみた。こんなにも小さいのだ。

秋の虫

カマキリの卵のう

秋も深まり、多くの植物が葉を落とす頃になると、見通しがよくなった散歩みちでは、カマキリの卵のうが目につくようになる。種によって形が異なるため、たとえ親の姿を見かけなくても、そこにどんなカマキリが住んでいるか、卵のうが教えてくれる。

チョウセンカマキリ
【分布】本州〜沖縄。比較的高い場所に産卵する。セイタカアワダチソウの茎や、樹木の枝などに多い。この卵のうは、見上げるほどの高さにあった。

ウスバカマキリ
【分布】北海道〜沖縄。珍しいカマキリである。河川敷などの開けた場所に住み、大きな石の下に潜り込んで産卵する。石を起こしてみないと見られない。

ヒメカマキリ
【分布】本州〜沖縄。小さいカマキリで、卵のうも2cmほどしかない。樹木の根際や、はがれかけた樹皮の内側、地面にころがる石などでも見つかる。

秋の虫

オオカマキリ
【分布】北海道〜九州。日本最大のカマキリ。卵のうも大きく、直径4センチほどもある。散歩で見つけやすい目の高さに多く、草の茎などで見つかる。

ハラビロカマキリ
【分布】本州〜沖縄。ややつぶれ気味のいびつな球体で、樹木の枝に多い。壁などの平面で見つかることもある。オオカマキリに似るが、明らかに小さい。

コカマキリ
【分布】本州〜九州。舟のような形をしており、柵やフェンスなどの人工物でよく見つかる。意外なポイントは、樹木のネームプレートの裏側だ。

ヒナカマキリ
【分布】本州〜沖縄。日本最小のカマキリ。卵のうも5mmほどしかない。とんがり部分があるのが特徴で、色も明るいため、大きさの割には比較的見つけやすい。

秋の虫

オカダンゴムシ
陸団子虫
Armadillidium vulgare

分類：ワラジムシ目　オカダンゴムシ科
成虫の出現期：3〜11月
分布：北海道〜沖縄
体長：14mm前後

小さい子供たちのアイドルである。「キモカワ」で「ゆるキャラ」なので、これでは人気が出ないわけがない。

落ち葉の上にいるメス（上）とオス（下）。メスには黄色い模様があり、オスよりも地色が薄い。

名前の由来　身を守るために丸くなる姿が団子のように見え、海辺にいる「浜」団子虫との対比で「陸」団子虫となった。

秋の虫

　広い意味の「虫」ではあるが、「昆虫」ではないので、あしも6本ではなく14本ある。団子状になって身を守る習性から「団子」ムシとなり、海辺にいる「浜」ダンゴムシとの対比で、「陸」ダンゴムシと名づけられた。陸を「おか」と読ませるのは、「陸蒸気」などと同じである。暗くてじめじめした環境を好み、植木鉢などの下から集団で見つかることが多い。腐った植物質を食べて土に戻すという、分解者としての重要な役割を果たしている。団子のようになる面白さと、歩くのが遅いこと。そして低い位置にいることで、子供たちの興味を惹きやすく、就学前の小さい子供たちのよき遊び相手になっているようだ。似たような外見でも、丸くならず、あしも速いのはワラジムシという別種である。

PHOTO INDEX

アオオサムシ 106	アカスジキンカメムシ 88	アカマダラハナムグリ 107	アゲハ 40	アシブトハナアブ 30
アジアイトトンボ 74	アブラゼミ 84	アメンボ 38	アリジゴク 32	イボバッタ 112
イラガセイボウ 68	ウシカメムシ 91	オオカマキリ 114	オオスズメバチ 66	オオゾウムシ 60
オオトリノフンダマシ 92	オカダンゴムシ 122	オカモトトゲエダシャク 16	カナブン 52	カブトムシ 50
カレハガ 46	キタキチョウ 100	キタテハ 96	ギフチョウ 10	キリギリス 76
クツワムシ 108	クビキリギス 34	クロコノマチョウ 102	コカマキリ 118	コガタルリハムシ 26
コスズメ 45	コバネイナゴ 111	ゴマダラカミキリ 56	シオカラトンボ 72	ジグモ 94

124

57 シロスジカミキリ	110 スズムシ	29 セイヨウミツバチ	109 セスジツユムシ	58 タマムシ	
35 ツチイナゴ	36 ツマグロオオヨコバイ	42 ツマグロヒョウモン	70 トゲアリ	79 トノサマバッタ	
80 ナナフシ	20 ナナホシテントウ	22 ナミテントウ	28 ニホンミツバチ	54 ノコギリクワガタ	
15 ハイイロリンガ	78 ハヤシノウマオイ	113 ハラヒシバッタ	116 ハラビロカマキリ	64 ハンミョウ	
82 ヒゲジロハサミムシ	119 ヒナカマキリ	71 ヒメカマキリモドキ	31 ビロードツリアブ	12 ベニシジミ	
44 ホタルガ	62 マイマイカブリ	65 ミイデラゴミムシ	18 ミノムシ	14 ミヤマセセリ	
98 モンキチョウ	8 モンシロチョウ	13 ヤマトシジミ	90 ヨコヅナサシガメ	61 ヨツボシオオキスイ	

おわりに

　生きている虫を白い背景の上に置いてみると、自然の中で見かける姿よりむしろ堂々と、ずっと大きな存在感をもって迫ってくるように感じられることがあります。虫の輪郭が鮮明になるというだけでなく、「自然でない場所に置かれていること」が、緊張感みなぎる凛々(りり)しい立ち姿につながっているのかもしれません。逃亡の機会を求めてジャンプする寸前のバッタなどは、惚れ惚れするような実にすばらしいポーズで写真に収まってくれます。逆に、アブなど一部の虫は置かれている状況を全く気にせず、のん気に身づくろいを始めたりして、それはそれで普段はなかなか見ることのできない愛らしい姿です。
　そうした魅力的な一瞬を集めた「虫たちのフェイスブック」をまとめたいと思っていた矢先に、世界文化社の飯田 猛さんから声をかけていただきました。虫たちの細部まで鮮明に描き出す「姿のプロフィール」に、「素性のプロフィール」として名前の由来を添え、その虫を散歩の中で実際に見つけてもらうガイドとしての機能も持たせましょう、という欲ばりな企画です。

　虫のディテールに迫ることで、その意外な美しさを発見してもらい、名前の由来を知ることで親しみを感じてもらって、最後にはやはり、その虫の生(なま)の姿を野外で観察する楽しさを体験してもらえたら…と思いますが、この最後のステップは、慣れてくるまでは意外にハードルが高いものかもしれません。昆虫は自然界では非常に弱い存在であり、巧妙に隠れていたり、何かに化けていたり、歩いているだけでも自然に目に入ってくる野の花とは少しばかりちがいます。そこで、散歩で「見つける」虫の呼び名事典。「見かける」でも、「見つかる」でもありません。葉をめくってみたり、石を起こしてみたり、何か一つ、アクションを自分から起こすことで、虫はその姿を現します。手数は少々増えますが、「発見の喜び」も味わえて、一石二鳥ではないでしょうか。この本が、今まであまり虫に関心のなかった方たちと虫とをつなぐ役割を少しでも果たしてくれたら、こんなうれしいことはありません。

　本書の制作にあたっては、飯田 猛さんやデザイナーの新井達久さんを始め、いつも助けてくださる全国の「虫屋」(＝昆虫愛好家)の皆さんの温かいご支援なくしては、ここまでまとめ上げるのは難しかったと思います。この場をお借りして、厚くお礼を申し上げます。

　　　　2013年5月　オオカマキリの赤ちゃんが生まれた日に　森上 信夫

協力者（敬称略・五十音順）
飯森政宏、伊丹市昆虫館、井上恵子、井上修吾、牛尾泰明、尾園 暁、川島逸郎、阪本優介、新開 孝、鈴木知之、胎内昆虫の家、八尋克郎、和田一郎、渡部茂実

おもな参考図書
『小学館の図鑑 NEO 昆虫』（小学館）、『ポケット図鑑 日本の昆虫 1400 ①②』（文一総合出版）、『名前といわれ 昆虫図鑑』（偕成社）、『ポプラディア大図鑑 WONDA 昆虫』（ポプラ社）、『講談社の動く図鑑 MOVE 昆虫』（講談社）、『道ばたのイモムシケムシ』（東京堂出版）、『増補改訂版 昆虫の図鑑 採集と標本の作り方』（南方新社）、『里山昆虫記－さぬきの里・山・池』（エッチエスケー）、『里山の昆虫ハンドブック』（NHK 出版）

虫の呼び名事典

発行日	2013年 7月15日	初版第1刷発行
	2015年 6月10日	第3刷発行

著　者：森上信夫
発行者：高林祐志
発　行：株式会社世界文化社
〒102-8187 東京都千代田区九段北4-2-29
電話 03-3262-5115（販売部）
印刷・製本：図書印刷株式会社

Ⓒ Nobuo Moriue, 2013. Printed in Japan
ISBN978-4-418-13422-9
無断転載・複写を禁じます。定価はカバーに表示してあります。
落丁・乱丁のある場合はお取り替えいたします。

編集：株式会社 セブンクリエイティブ・飯田　猛

※内容に関するお問い合わせは、株式会社セブンクリエイティブ
TEL 03（3262）6810 までお願いいたします。